国家自然科学基金(42071383)资助

城市导航经验知识智能分析与模式计算

CHENGSHI DAOHANG JINGYAN ZHISHI ZHINENG
FENXI YU MOSHI JISUAN

杨　林　周顺平　左泽均　万　波　著
方　芳　叶亚琴　李圣文　胡茂胜

图书在版编目(CIP)数据

城市导航经验知识智能分析与模式计算/杨林等著. —武汉:中国地质大学出版社,2024.11. —ISBN 978-7-5625-6067-8

Ⅰ. TN966

中国国家版本馆 CIP 数据核字第 2024RB4392 号

城市导航经验知识智能分析与模式计算	杨 林 周顺平 左泽均 万 波 方 芳 叶亚琴 李圣文 胡茂胜	著

责任编辑:韦有福	选题策划:韦有福	责任校对:张咏梅

出版发行:中国地质大学出版社(武汉市洪山区鲁磨路388号)		邮编:430074
电 话:(027)67883511	传 真:(027)67883580	E-mail:cbb@cug.edu.cn
经 销:全国新华书店		http://cugp.cug.edu.cn
开本:787mm×1092mm 1/16	字数:256 千字	印张:10
版次:2024 年 11 月第 1 版	印次:2024 年 11 月第 1 次印刷	
印刷:湖北睿智印务有限公司		
ISBN 978-7-5625-6067-8		定价:88.00 元

如有印装质量问题请与印刷厂联系调换

前　言

导航经验智能分析与模式计算是交通地理信息系统理论和技术的重要分支。随着城市道路网络的复杂化和人们出行需求的多样化，如何有效地理解、分析并优化导航过程中积累的经验知识，已成为学术界和工业界共同关注的热点。笔者围绕导航出行中经常遇到的择路、迷路以及出行风险等问题，基于时空大数据环境下的多模态数据源，首次系统探讨了城市导航经验的建模、分析计算及其应用。

全书共分为九章，内容涵盖了导航经验知识的建模、面向导航经验文本的分类与知识抽取、典型导航场景的分类计算、导航择路经验关联模型、驾驶行为模式计算与交叉口风险经验计算等多个领域。通过对社交媒体文本数据、轨迹矢量数据和街景图像数据等多模态数据的深入研究，笔者提出了一系列系统性的方法与技术路径，为交通导航领域带来了全新的研究视角。

本书的特点有以下几个方面：

(1)面向与人类息息相关的出行问题，基于社交媒体文本数据、轨迹矢量数据和街景图像数据等蕴含着丰富的众源导航经验知识的多模态数据，对导航经验的建模与应用的研究及探索，是交通导航领域的一次系统研究。

(2)首次对人们导航出行中的迷路情境进行了系统的探索，包括迷路经验的概念和范畴的定义、迷路经验的概念模式设计、迷路经验的知识抽取、关系对齐、知识存储特定领域的具体问题，建立了导航经验知识图谱的技术路径，涵盖了导航经验计算理论与方法研究中的若干重点和热点问题，弥补了迷路经验知识图谱的空白。

(3)从导航经验的全新视角，提出了一系列导航经验计算分析方法，包括典型导航场景的分类计算、导航路径选择的经验计算、绕路行为的模型分析、驾驶行为的模式计算、交叉口风险的经验计算，阐述了相应的技术方法或解决方案，比较充分地反映了当前最新的导航经验计算理论、技术、方法及应用发展的趋势。

(4)深入浅出地介绍9个案例研究，力求从多角度系统展示研究团队的最新成果。结合具体案例，阐释本书核心观点，期望读者从中受益。

本书主要内容介绍如下：

第1章探讨了迷路经验知识的概念建模，提出了迷路经验概念模式NLKG，系统性地整合了迷路经验文本中的时空信息。通过对迷路经验实体及其关系的细致建模，旨在为人们提供对复杂导航环境理解和决策的认知知识支持,从而提升导航决策的准确性和效率。基于 NLKG 的实际应用进一步展示了其在导航系统优化、城市规划及旅游管理等领域的潜在价值。

第 2 章介绍了迷路经验文本分类的方法,通过构建迷路经验领域语料库和自主标注数据集,评估并优化了分类器性能,为后续的迷路经验知识图谱应用奠定了坚实的基础。

第 3 章深入研究了导航经验文本的知识抽取,提出了多种有效的实体和关系抽取方法,成功实现了对迷路经验文本数据的全面抽取和建模,为 NLKG 实例构建提供了技术支撑。

第 4 章聚焦于迷路经验场景的分类,首次将容易迷路的典型场景划分为 11 类,结合知识图谱的分析,深入探讨迷路环境的场景特征。这一分类不仅有助于导航系统的优化,还为城市规划者和设计者提供了宝贵的参考。

第 5 章探讨了基于轨迹数据的城市导航择路经验挖掘方法,创新性地考虑了城市背景语义和路径选择行为的关联性,提出了主题化的择路经验表达方式,为更精准的路径选择提供了理论基础和实践指导。

第 6 章在现有研究的基础上提出了经验强度的概念,将抽象的择路经验转化为可定量描述的指标。通过构建多维度的量化指标体系,使得经验信息的评价更加合理且全面,为路径经验的定量化应用提供了新思路。

第 7 章提出了一个综合的驾驶行为分析框架,从路径选择偏好和驾驶风格两方面细致解读驾驶行为。武汉市出租车 GPS 轨迹数据集上的验证结果证实了该框架在不同交通环境下识别和分析驾驶行为模式的有效性。

第 8 章针对交叉口场景的风险经验进行了深入探讨,提出了基于风险场景模拟的方法,提供了精细化的风险评估工具,尤其适用于数据稀缺的城市道路交叉口场景。

第 9 章探讨了复杂的城市空间环境特征对人们出行过程中的迷路现象的影响,通过结合多源地理空间数据与定量分析,深入探讨了城市空间环境特征对导航迷路行为的作用机理,为理解迷路行为和优化城市导航提供了理论基础和实践支持。

通过对城市导航经验知识的系统性研究与创新应用,本书不仅为学术研究提供了新的视角和方法,也为实际应用中的导航系统优化、城市规划、旅游管理等领域提供了重要的参考与指导。希望本书能够为研究人员、工程师以及城市规划者们带来启发,为解决复杂的城市交通和导航问题提供有效的思路和工具。

本书的顺利出版要特别感谢城市交通智能计算研究小组的研究生对书中案例实验的贡献,他们分别是陈虎、路锐、罗明霞、胡建、赵欣培、黄天佑、罗学坤、艾美利、谢云、李文豪、梁超、余俊杰,在此也感谢我的家人在成书过程中给予我的鼓励与支持。

笔 者
2023 年 11 月于武汉

目 录

第 1 章　迷路经验知识建模 ·· (1)
 1.1　研究背景 ·· (1)
 1.2　构建目标及流程 ·· (2)
 1.3　迷路经验概念建模 ·· (2)
  1.3.1　迷路经验定义 ·· (2)
  1.3.2　迷路经验概念模式设计 ·· (3)
  1.3.3　多源知识整合 ·· (6)
 1.4　实验与讨论 ·· (7)
  1.4.1　迷路因素重要度分析 ·· (7)
  1.4.2　典型迷路场景因素分析 ·· (8)
  1.4.3　迷路风险预测 ·· (9)
  1.4.4　迷路因素关联性分析 ·· (10)
  1.4.5　智能问答系统 ·· (11)
 1.5　本章小结 ·· (13)

第 2 章　面向迷路经验文本的分类 ·· (14)
 2.1　研究背景 ·· (14)
 2.2　研究方法 ·· (14)
  2.2.1　迷路经验文本采集及数据清洗 ·· (14)
  2.2.2　迷路经验文本分类 ·· (16)
 2.3　实验与讨论 ·· (17)
 2.4　本章小结 ·· (19)

第 3 章　面向导航经验文本的知识抽取 ·· (20)
 3.1　研究背景 ·· (20)
 3.2　研究方法 ·· (20)
  3.2.1　导航经验实体抽取 ·· (20)
  3.2.2　导航经验关系抽取 ·· (22)
  3.2.3　导航经验实体关系联合抽取 ·· (23)
 3.3　实验与讨论 ·· (26)

  3.3.1 导航经验实体抽取结果 ··· (26)

  3.3.2 导航经验关系抽取结果 ··· (28)

  3.3.3 导航经验实体关系联合抽取结果 ·· (28)

 3.4 本章小结 ·· (30)

第4章 典型导航迷路场景的分类计算 ·· (31)

 4.1 研究背景 ·· (31)

 4.2 研究方法 ·· (31)

  4.2.1 迷路经验典型场景分类流程 ··· (31)

  4.2.2 迷路经验知识图谱嵌入 ·· (32)

  4.2.3 基于无监督聚类的迷路经验场景分类 ·· (34)

 4.3 实验与讨论 ·· (38)

  4.3.1 迷路经验典型场景分类评估方法 ·· (38)

  4.3.2 合并相似迷路经验场景 ·· (38)

 4.4 本章小结 ·· (48)

第5章 导航择路经验知识的主题建模 ·· (49)

 5.1 研究背景 ·· (49)

 5.2 研究方法 ·· (49)

  5.2.1 方法框架 ·· (49)

  5.2.2 导航择路经验关联因子 ·· (50)

  5.2.3 典型场景 ·· (54)

  5.2.4 导航路径经验信息表征与主题建模 ·· (55)

 5.3 实验与讨论 ·· (58)

  5.3.1 道路相关因子 ·· (58)

  5.3.2 城市背景相关因子——一般POI ··· (61)

  5.3.3 城市背景相关因子——显著POI ··· (63)

 5.4 本章小结 ·· (65)

第6章 面向场景的择路经验关联模型 ·· (66)

 6.1 研究背景 ·· (66)

 6.2 研究方法 ·· (66)

  6.2.1 方法框架 ·· (66)

  6.2.2 导航择路经验因子 ·· (68)

  6.2.3 择路经验信息的定量评价指标 ·· (69)

 6.3 实验与讨论 ·· (73)

  6.3.1 全局经验强度的影响分析 ·· (73)
  6.3.2 局部流量经验强度的影响分析 ······································ (74)
  6.3.3 局部距离经验强度的影响分析 ······································ (76)
  6.3.4 局部时间经验强度的影响分析 ······································ (77)
 6.4 本章小结 ··· (79)

第7章 城市驾驶行为模式计算 ·· (80)
 7.1 研究背景 ··· (80)
 7.2 研究方法 ··· (81)
  7.2.1 研究框架 ·· (81)
  7.2.2 驾驶节奏序列构建 ·· (81)
  7.2.3 驾驶节奏特征提取 ·· (83)
  7.2.4 驾驶节奏序列的相似性计算 ·· (84)
  7.2.5 驾驶节奏序列的聚类 ·· (86)
  7.2.6 驾驶行为的评价指标集 ·· (87)
 7.3 实验与讨论 ·· (88)
  7.3.1 实验数据 ·· (88)
  7.3.2 近距离组分析 ·· (90)
  7.3.3 中距离组分析 ·· (93)
  7.3.4 长距离组分析 ·· (95)
  7.3.5 不同交通时期下的特征分析 ·· (98)
  7.3.6 不同旅途长度下的特征分析 ·· (99)
 7.4 本章小结 ··· (101)

第8章 道路交叉口风险经验计算 ·· (102)
 8.1 研究背景 ··· (102)
 8.2 研究方法 ··· (102)
  8.2.1 方法框架 ·· (102)
  8.2.2 冲突计算与关联模式识别 ·· (103)
  8.2.3 基于烟羽模型的风险扩散模型 ···································· (105)
  8.2.4 三级风险评价体系 ·· (108)
 8.3 实验与讨论 ·· (109)
  8.3.1 研究区域和数据 ·· (109)
  8.3.2 轨迹模式分类与冲突识别结果 ···································· (110)
  8.3.3 交通风险扩散结果 ·· (112)

	8.3.4 交通风险评价结果	(117)
8.4	本章小结	(122)

第9章 空间环境对导航迷路行为影响的量化评估 (123)

9.1	研究背景	(123)
9.2	研究方法	(124)
	9.2.1 多尺度环境特征描述框架	(125)
	9.2.2 多尺度环境指标的量化	(127)
	9.2.3 建模环境特征与迷路风险之间的关系	(130)
9.3	实验与讨论	(131)
	9.3.1 研究区域和数据	(131)
	9.3.2 环境指标的多重共线性诊断	(132)
	9.3.3 环境特征与迷路风险关联的描述性分析	(132)
	9.3.4 模型评估与选择	(135)
	9.3.5 环境特征指标对迷路风险的影响	(136)
9.4	本章小结	(143)

主要参考文献 (145)

第1章 迷路经验知识建模

1.1 研究背景

《简明牛津辞典》将导航定义为:"通过几何学、天文学、无线电信号等任何手段确定或规划船舶、飞机的位置及航线的方法。"这里的定义蕴含了由一个地方到另一个地方的航线规划,针对不同的运动体也泛称为引导、领航或航线规划。导航不仅仅是一个机械的过程,还是一个充满认知复杂性和灵活性的行为。人类导航的认知过程包括从环境感知到路径执行的多个阶段。首先,人们通过感官采集环境信息并形成内部的认知地图,用以自我定位和感知方向。接着,通过目标设定和路径选择来规划最佳路线。在导航过程中,个体根据实时反馈调整方向,并在必要时修正路线。随着经验的积累和认知地图的不断丰富,未来的导航会更加精准。因此,笔者将导航经验定义为导航者由起始地到目的地的多次路径规划实践中获得的相关知识或技能(例如:避开拥堵路段的经验、寻路过程中空间定位和确认的经验等)。

导航在现代城市生活中发挥着不可或缺的作用,特别是处在复杂或陌生城市环境时,其重要性尤为凸显。然而,在导航过程中经常会出现迷路的情况,给人们的出行带来了极大的困扰。迷路现象频发,既影响了人们的出行效率,又加重了城市交通拥堵。因此,本章聚焦导航经验中的"迷路经验"这一类常见的经验知识的研究,通过对导航迷路场景的分析,挖掘导航经验数据中的关键信息,深入理解引发迷路事件的因素,旨在为人们提供避免迷路的认知知识支持,从而提升导航决策的准确性和效率。

在大数据时代,导航经验数据极为丰富,这些数据源于用户与环境的互动,蕴含着宝贵的导航认知线索,代表了用户群体的共性导航经验认知。这些数据主要来源于社交媒体,例如微博平台有大量以"迷路"为主题的帖子和评论,描述了各类人群发生迷路情形特定的场景信息(例如地点、天气、时间、交通方式等)。然而,这些数据大多是非结构化的,很难直接使用它们来表示或挖掘新知识。

手动地从大量导航迷路文本中提取复杂知识是一项耗时且主观性强的操作。人工智能的高速发展使自然语言处理技术(natural language processing,NLP)能够高效地处理非结构化文本数据。通过NLP识别迷路文本中的实体和实体间的关系,可以充分挖掘迷路场景的信息。研究表明,知识图谱(knowledge graph,KG)以节点和边的形式表示实体和关系,能够有效存储结构化信息,实现高效的数据驱动,广泛用于查询、检索和知识推理等应用。

本章旨在构建面向迷路经验语义的知识图谱,然而,导航迷路领域的知识图谱构建仍存在一定的挑战,对于人们实施导航活动过程中形成的经验知识挖掘的研究十分缺乏,目前尚未发现面向导航迷路特定场景的知识表示研究,导航迷路场景下的迷路实体和关系的概念模式亟待建立。因此本章内容涉及迷路经验的概念和范畴的定义、迷路经验的概念模式设计和多源知识整合,以弥补导航认知领域迷路经验知识图谱的空白。这有助于理解和分析迷路因素,优化导航决策和改善导航体验,同时也为整合多源多模态数据优化导航经验认知提供示范。

1.2 构建目标及流程

图 1.1 展示了迷路经验知识图谱(navigation lost knowledge graph,NLKG)的构建流程。

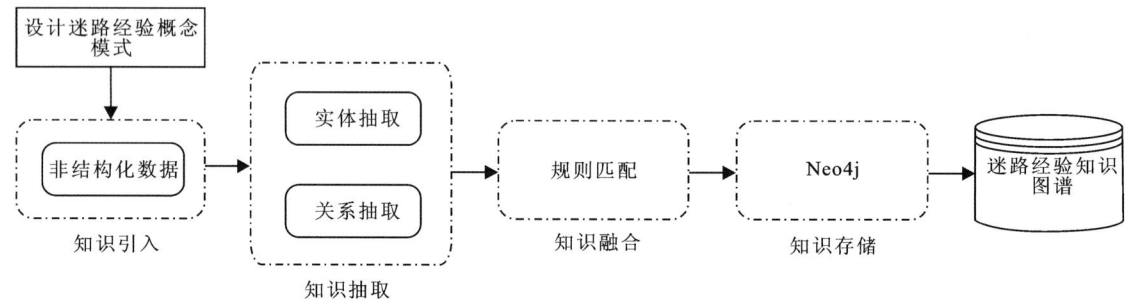

图 1.1 迷路经验知识图谱构建流程图

(1)知识引入。人们在日常出行过程中的导航体验越来越多地通过社交媒体平台发表,为了增加迷路经验知识资源的关联性,笔者对迷路经验的文本内容进行了细致的处理,可作为迷路经验数据层的数据基础。

(2)知识抽取。通过迷路经验概念模式对数据源进行知识抽取。一种思路是设计命名实体识别模型进行实体抽取,然后抽取迷路经验的实体关系;另一种思路是进行实体和关系的联合抽取。

(3)知识融合。该过程主要是通过规则匹配的技术将同义的实体作实体消歧。

(4)知识存储。迷路经验知识图谱构建完成后,将经由抽取和融合的知识图谱存储在 Neo4j 图数据库中,为后续应用迷路经验智能问题以及迷路经验典型场景分类任务提供数据基础。

1.3 迷路经验概念建模

1.3.1 迷路经验定义

导航是生物体或智能机器在环境中协调并以目标为导向的运动,包括动作的规划以及动作的执行。动作的规划可理解为物体与周围环境协调的运动,在物体与环境互动时,动作的执行涉及计划和决策的寻路行为。物体寻路时,感知模式提供导航所需信息,各种认知系统参与处理感官和记忆数据,并且会及时更新它们的方位(位置和方向的知识),直至到达确定位置。本书中,导航者是指在环境中协调并以目标为导向运动的行人。

迷路通常指导航者在复杂的地方或情境中迷失了方向。从哲学的角度看,迷路是一种从无知到迷茫的过程。最初,导航者是对目标或路径的无知,随后出现无法前进的窘境,最终导致对自身、环境和世界的困惑。这种现象常常被忽视,但无法到达预期目的地或脱离预定路径的核心问题在于迷路体验如何与空间特性相联系。迷失者的感知能力与空间特性密切相关,即迷路现象与空间性有根本联系。探索其机制可帮助导航者理解迷路体验,并揭示发生迷路或可能发生迷路的本质原因。

本章结合上述内容将迷路经验定义为由导航者多次无法到达预期目的地或脱离预定路径的实践中获得的提升出行体验的知识和技能。

1.3.2 迷路经验概念模式设计

迷路经验的情境不仅是指导航者在未知地点中迷失方向,而且涉及导航者与迷路环境交互的复杂性。从出行认知的角度来看,迷路往往源于多种因素的综合作用。首先,导航者的空间感知能力和出行的环境均是迷路的关键因素。不同的导航者对于环境的感知和理解程度是不同的,包括对标识性物体、方向和距离的把握,直接影响了导航者在未知地点中的定位能力,这在年龄较小和年龄较大的群体中尤为突出。其次,出行环境因素也会增加迷路的可能性,比如复杂的道路结构、缺乏明显的地标或标识、天气、出行时间、建筑物布局和地形结构等因素。另外,焦虑和紧张情绪状态等心理因素也会不同程度地干扰导航者判断方向。因此,迷路现象并非单一原因所致,而是多种因素相互作用的结果。深入了解这些因素有助于更好地理解导航者与迷路环境交互的复杂性。

本章基于迷路经验,旨在设计 NLKG 概念模式。该模式通过概念及其关系建立逻辑框架,以系统地梳理迷路经验领域的核心概念,从而为迷路经验知识图谱构建作铺垫。

NLKG 概念模式以迷路发生的地名实体为核心展开描述,以此连接迷路场景下的时间实体、天气实体、人物实体、交通工具实体、POI(point of interest)实体和原因实体。通过综合考量迷路经验文本,将原因实体、时间实体和 POI 实体依次展开。首先,原因实体由人物特征、建筑物特征、地形特征、道路特征和人物特征构成。其次,时段和季节作为时间实体的属性。最后,类别对应 POI 实体的属性或功能,在此将 POI 实体划分为粗粒度类别、中等类别和细粒度类别。其中细粒度类别从属于中等类别,中等类别和细粒度类别都从属于粗粒度类别。同样,行政区为地名的属性。此外,结合城市交通领域知识,还需要建立人物实体和交通工具实体之间的关联以进一步增强迷路情景知识的完整性。对于迷路经验知识图谱的概念模式描述如图 1.2 所示。

根据对迷路经验文本数据的观察以及城市计算领域知识,迷路相关的实体包括以下几种:

(1) 地名实体指迷路发生的特定的区域或位置,为迷路经验的核心实体。该地名可以是具体的空间位置,比如"洪崖洞民俗风貌区",也可以是抽象的空间位置,比如"小巷"和"胡同"。同时,该实体具有行政区属性,比如"武汉市""南京市"和"北京市"。

(2) 时间实体指迷路发生的特定时间,可以用小时或者月份表示。按小时划分,一天可划

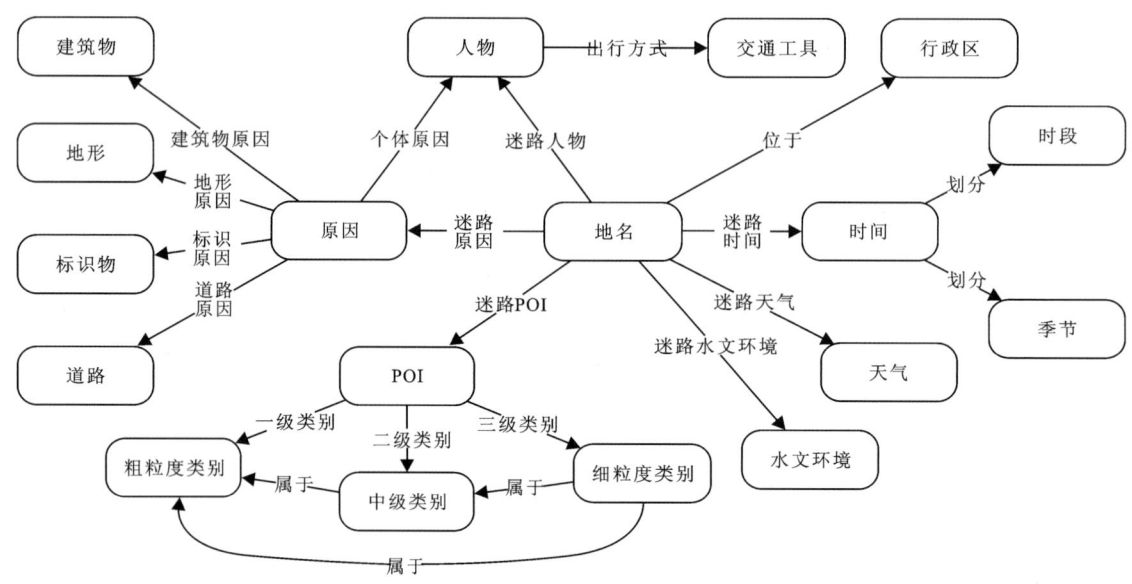

图 1.2 迷路经验知识图谱(NLKG)概念模式图

分为上午、中午、下午、晚上和凌晨;按月份可以划分为 4 个季度,分别为春、夏、秋、冬。晚上和凌晨这段时间,受黑夜给导航者带来的视线影响以及导航者自身精神状态不佳(如疲惫)的影响,出现迷路的情形较多。而在上午和下午这段时间内,视线较好,不易出现迷路现象。同样,在冬季,气候给导航者带来生理性的变化,人们在冬季时更容易迷路。对于时间实体,单个季节或者是时段都未充分考虑时间对迷路的影响,因此根据迷路经验文本中的发布时间特征,通过时段和季节的定义处理为季节和时段的组合,比如"春季上午"。

(3)天气实体指迷路发生时的天气状态。在雾霾、沙尘暴和雨雪等天气中,导航者出行时视线很容易受到干扰,从而极易导致导航者迷路。

(4)人物实体指发生迷路情况的主体。人物按性别划分为男性和女性,按年龄划分为儿童、年轻人、中年人和老人,按职业可划分为司机、医生和教师等。

(5)交通工具实体指迷路时个体出行的方式。主要交通工具有地铁、飞机、汽车、公交车、自行车等。

(6)POI 实体指迷路现象发生时导航者所处的 POI 区域。POI 可分为细粒度类别、中等类别和粗粒度类别。在迷路经验文本中,常见的 POI 实体有交通设施、道路附属设施等。

(7)原因实体指造成迷路的原因,包含环境属性和导航者个体属性,分别为建筑物特征、道路特征、地形特征、标识物特征和人物特征。①建筑物特征。当导航者置身于空旷的建筑场地中,判断方向时能参照的物体较少,导致容易迷路。而导航者在建筑物密集的区域,由于楼房较多、建筑样式类似以及人流量大造成认知判断因素较多,容易出现方向感偏离问题,从而出现迷路情况。②道路特征。在一些崎岖、多岔道和有施工的道路中寻路,这些复杂的情况会干扰导航者的认知。相反,当道路广袤笔直时,导航者更容易到达目的地。③地形特征。起伏不断的地形容易给导航者出行认知造成困惑,例如重庆市以山城著称,由于山丘地形造成道路弯曲交错,给导航者视线带来干扰使其失去方向感。④标识物特征。当导航者参照地标、路标等指示牌出行时,往往能够有效帮助导航者判断方向。⑤人物特征。导航者的年龄过大或过小以及自身性格习惯等原因都可能导致迷路。

(8)水文环境实体指迷路发生时的水文环境。例如,在出口、海边和河口地区,潮汐变化可能改变地形或路径,突发性洪水或暴雨导致的积水也可能淹没路径或改变地形。

例如:"雾霾天气,今天爬山就是场拉练,走完了规划的路线。下山走了一条偏僻的进香古道,极其难走。尽管有手表导航,但还是差点迷路两次。临近终点的路途中居然碰到一处奇特的石头房子,就在拍照片的时候身后树丛中飞出一只雉鸡,真真切切地吓了一跳。估计以后会很少来这里徒步了。"该条微博文本在春季晚上发布。该迷路经验语义中含有"雾霾"天气实体、"进香古道"地点实体和"春季晚上"时间实体,文本中的"偏僻的进香古道"也体现了道路崎岖的原因实体。

为减少构建迷路经验知识图谱的复杂性,笔者总结以下 8 种核心迷路实体以及 8 种迷路实体关系,参见表 1.1 和表 1.2。

表 1.1 迷路经验核心实体实例

实体类别	描述	示例/类型
地名	发生迷路事件的地点	重庆江北国际机场
人物	发生迷路的人员	老人、游客
时间	发生迷路事件的时间	春季上午、冬季晚上
原因	导致迷路事件的原因	建筑物密集、地形复杂
交通工具	导航者的出行方式	汽车、地铁
POI	地名的 POI 区域	医疗保健设施服务
天气	发生迷路的天气情况	雨雪、雾霾
水文环境	发生迷路的水文环境	洪水、积水

表 1.2 迷路经验实体关系

实体类别 1	关系	实体类别 2
地名	迷路时间	时间
人物	迷路人物	地名
水文环境	迷路水文环境	地名
天气	迷路天气	地名
地名	迷路原因	原因
人物	出行方式	交通工具
地名	迷路 POI	POI
地名	位于	地名

表1.2展示的实体关系的概念介绍如下。

(1)迷路时间:表示地名实体和时间实体之间的关联关系。描述的是在某个地点发生迷路的时间。

(2)迷路人物:表示人物实体和地名实体之间的关联关系。描述的是在某个地点发生迷路的人物。

(3)迷路水文环境:表示水文环境实体和地名实体之间的关联关系,比如"丹江"发生"洪水"。

(4)迷路天气:表示天气实体和地名实体之间的关联关系。描述的是在某个地点发生迷路的天气。

(5)迷路原因:表示地名实体和原因实体之间的关联关系。描述的是在某个地点发生迷路的周围环境原因和个体原因。

(6)出行方式:表示人物实体和交通工具实体之间的关联关系。描述的是导航者选择出行的交通方式。

(7)迷路POI:表示地名实体和POI实体之间的关联关系。描述某个地点属于哪一类POI,比如"洪崖洞夜市街区"属于"购物服务相关场所"。

(8)位于:表示地名实体之间存在层级隶属关系,比如洪崖洞民俗风貌区位于重庆市,东城区位于北京市等。

表1.3展示了迷路经验实体和关系的实例。

表1.3 迷路经验实体和关系实例

实体实例1	关系	实体实例2
进香古道	迷路时间	春季晚上
洪崖洞民俗风貌区	迷路人物	司机
重庆市	迷路天气	小雨
武汉大学	迷路原因	对周围环境不熟悉
司机	出行方式	火车
洪崖洞夜市街区	迷路POI	购物服务相关场所
出口	迷路水文环境	积水
洪崖洞民俗风貌区	位于	重庆市

1.3.3 多源知识整合

通过实体抽取模型可以从导航迷路文本中提取迷路地点、迷路人员、迷路天气、迷路时间、交通工具等核心实体和关系。对于迷路地点坡度、坡向、地形起伏度、地点曲率、道路曲折度、道路类型、道路长度、建筑物占比和人群占比等多种关键迷路因素实体,我们将通过DEM数据开放平台(https://search.earthdata.nasa.gov)、OSM路网平台(https://www.openstreetmap.org)和百度地图(https://lbsyun.baidu.com/)等获得,以迷路地点为中心实体进行多源知识整合。

1.4 实验与讨论

1.4.1 迷路因素重要度分析

本节分析迷路因素在 NLKG 中的节点重要度,为了识别影响迷路最显著的因素,笔者使用图计算方法量化迷路因素在 NLKG 中的节点重要度。具体地,基于节点的加权度中心性进行分析,其原理可以简述为:节点重要度由节点被引用的加权频次决定。计算方法包括权重赋值和加权度中心性计算两个步骤:①权重赋值。基于前文知识整合部分的处理,各节点的权重由其量化值决定,它反映了同一因素不同取值对迷路的影响程度;②加权度中心性计算。基于整个 NLKG,计算每个因素的加权度中心性,如式(1.1)所示。

$$C_D^w(i) = \sum_{j \in M(i)} w_{ij} \tag{1.1}$$

式中:$C_D^w(i)$ 表示节点 i 的加权度中心性;$M(i)$ 表示与节点 i 直接相连的节点集合;w_{ij} 表示节点 i 和 j 之间边的权重。

图 1.3 展示了节点重要度结果,节点大小反映了节点的重要程度。可以看出,对于整个样本来说,地点的曲率、坡度、起伏度、时间、坡向 POI 丰富度、人群占比(人群密集程度)、人行道占比、植被占比、建筑物占比、道路长度是影响迷路的关键因素,即在地形复杂、街道环境复杂、

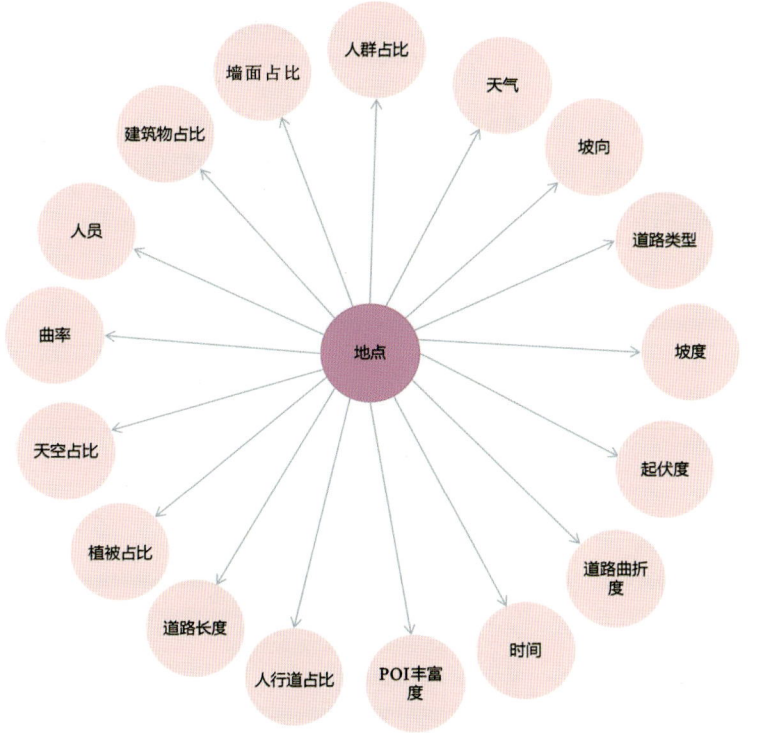

图 1.3 NLKG 中迷路因素重要度分析

视野受限的情况下迷路事件最容易发生。此外,交通工具对迷路现象的发生也有一定影响,例如,我们发现在南京新街口乘坐地铁、在成都绕城绿道骑自行车,该情形下迷路事件发生的频率较高。

1.4.2 典型迷路场景因素分析

在不同的场景下,同一因素对迷路的影响程度并非都是一致的。通过分析不同场景的特点,可以更精确地识别和理解在特定环境中影响迷路的关键因素。具体地,我们将迷路地点划分为风景名胜地、交通设施服务场所、科教文化服务场所、商业服务场所、住宅、政府机构 6 个类别,采用加权度中心性方法评估每个场景迷路因素的重要度,从而为特定场景下的迷路预防提供更有针对性的见解。图 1.4 是各场景下迷路因素重要度分析结果。对于景区类的地点,曲率、

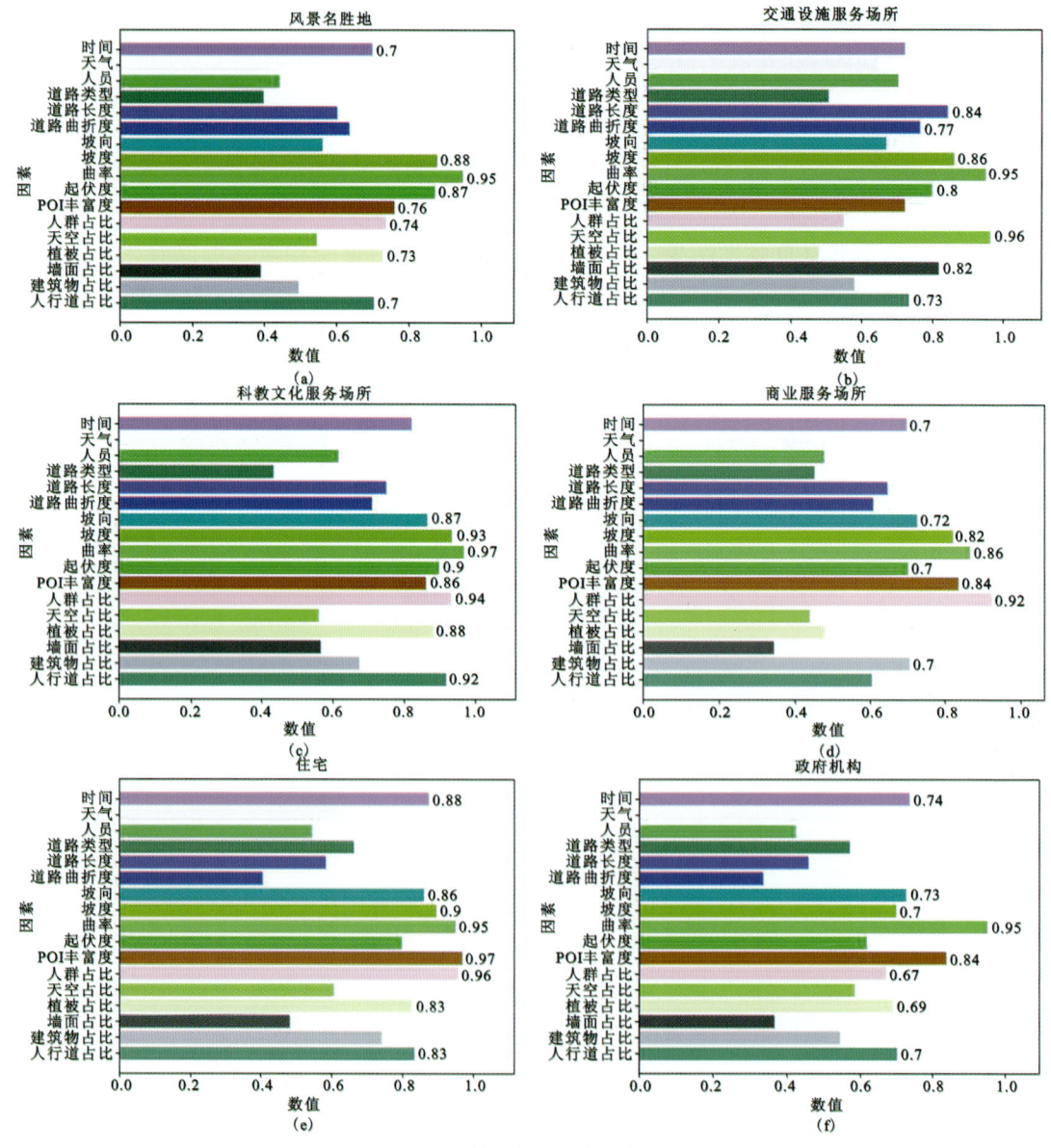

图 1.4 不同场景的迷路因素重要度

坡度、POI 丰富度、时间和人群占比的影响最为显著,表明地形的复杂性、景区的丰富性、视野受限程度及人流量是导致游客迷路的关键;对于交通类的地点,天空占比(天空可见性)、墙面占比、道路曲折度、道路长度等因素占比较大,表明建筑结构和道路设计对交通类地点的影响较大;对于商业类的地点,人群密集程度、POI 丰富度、建筑物占比、时间等是引发迷路的重要因素。分析结果显示:不同场景下迷路因素具有显著差异,这些发现对城市建设、导航设计具有重要的指导意义,如在地形复杂的景区,增设指示标志,优化游览路线和人流引导方案;在交通类地点,增设高可见性的路标和指示牌;针对道路曲折度大的地方优化导航策略;在复杂的商业区,开发高效的导航辅助工具(如数字导览和 AR 导航)、优化人流控制措施和商业布局;在住宅区和政府机构区域,注重行人道路系统的完善和绿化环境的优化等。

1.4.3 迷路风险预测

迷路风险用于衡量一个地方发生迷路事件的概率,本节建立了一个计算迷路风险的模型。首先,统计迷路事件在各省份的分布比例,在各省会城市主干道上随机选取一定的非迷路地点;然后,将得到的因素重要度与迷路正负样本结合,分析各迷路因素在迷路地点和非迷路地点中的表现,从而计算出该条件下的迷路事件发生的概率。当给定地点和迷路因素时,模型会根据各因素的重要度和量化值大小来计算迷路风险。此外,当给定的迷路因素不完整时,模型首先会根据已知条件进行计算,然后综合考虑未知因素的影响,预测该地点在某些条件下发生迷路的概率。结果如表 1.4 所示,可以看出该模型在迷路正负样本上取得了较好的效果,F_1、AUC(area under curve)指数最低分别为 78.26%、86.76%。此预测模型不仅可以帮助导航者加深对迷路事件的理解,同时为迷路预防和管理提供一种有效的工具,还可以在导航系统优化、城市规划、旅游管理等方面有效地预防迷路事件的发生。

表 1.4 模型预测结果

场景类型	样本类型	精确率/%	召回率/%	F_1/%	AUC/%
总体	负样本	91.11	94.37	92.71	95.64
	正样本	92.69	88.57	90.58	
风景名胜地	负样本	94.29	91.67	92.96	96.97
	正样本	92.31	94.74	93.51	
交通设施服务场所	负样本	83.12	92.75	87.67	91.51
	正样本	89.58	76.79	82.69	
科教文化服务场所	负样本	91.43	94.12	92.57	93.91
	正样本	92.59	89.29	90.91	
商业服务场所	负样本	86.96	80.00	83.33	95.41
	正样本	88.37	92.68	90.48	

续表 1.4

场景类型	样本类型	精确率/%	召回率/%	F_1/%	AUC/%
住宅	负样本	87.90	94.78	91.21	94.67
	正样本	92.86	83.87	88.14	
政府机构	负样本	83.33	88.24	85.71	86.76
	正样本	81.82	75.00	78.26	

1.4.4 迷路因素关联性分析

本节深入研究了 NLKG 中不同迷路因素之间的潜在关联性,旨在了解特定场景下,不同因素组合是否对迷路风险有显著增加作用。为此,我们采用了基于 Apriori 算法的节点关联规则挖掘方法。具体地,基于已构建的 NLKG 模型,在因素节点之间引入新的边来表示因素之间的复合关系,例如坡度和坡向的组合关系,结合图计算与 Apriori 算法,用于探索因素节点间的频繁模式和强关联规则。通过计算节点间的提升度,能够挖掘在迷路事件中频繁共同出现的因素组合。关联分析结果如图 1.5 和图 1.6 所示,可以看出,存在特定的因素组合可以显著增加迷路风险。例如,各类场景下,坡度、坡向、起伏度等地形因子之间都存在相关性;交通类地点,天空占比和建筑物占比、道路曲折度和道路长度、人群占比和 POI 丰富度之间存在相关性;景区类地点,植被占比和天空占比、道路曲折度和地形曲率之间存在相关性;住宅类地点,建筑物占比和人群占比、人群占比和天空占比之间存在相关性。显然,迷路因素关联性分析为理解迷路事件的复杂性提供了新的视角。

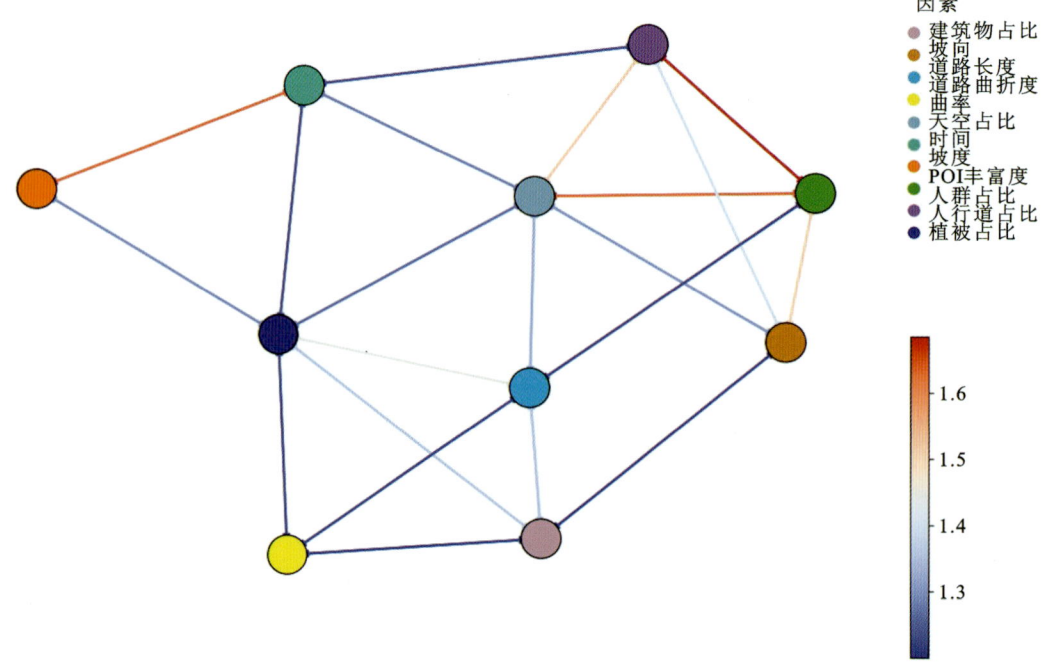

图 1.5　总体因素关联结果

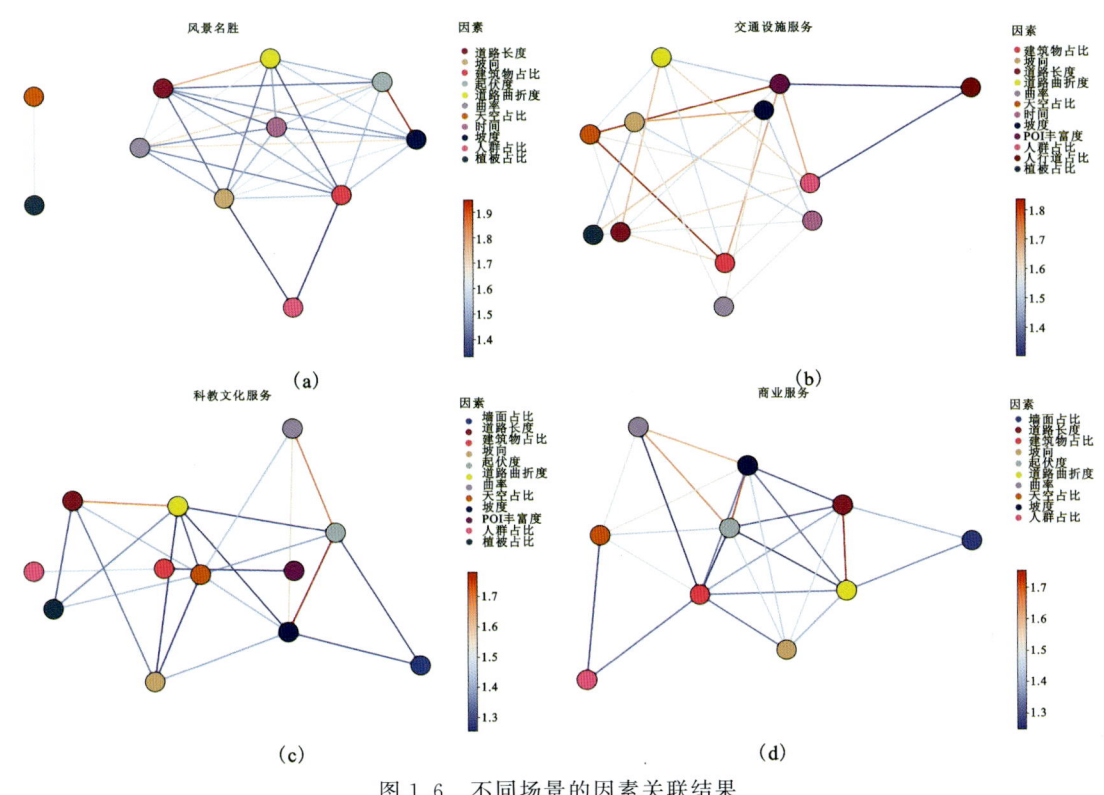

图 1.6　不同场景的因素关联结果

1.4.5　智能问答系统

为了能够充分发挥迷路经验知识图谱的潜力,使用户能够直接与数据进行交互并快速获取答案,笔者设计并开发了一个基于迷路经验知识图谱和图计算的智能问答系统,系统界面如图 1.7 所示。基于此问答系统,用户可以提出如"重庆有哪些地方容易迷路?""上海浦东国际机场哪些因素导致迷路?"等各种问题,获得相关的出行建议。再比如"第一次自驾重庆,有什么建议?"或"我想去南京新街口,有什么出行建议?"(若语料库中没有用户提到的地点,则选择与其节点相似度最高的地点提供建议)。此外,系统支持其他操作,如对出行路线进行规划并预测该路径中可能存在的迷路风险。

为了能够给用户提供高质量的查询服务,一个关键的问题是确保迷路经验智能问答系统能够充分理解用户的提问。因此,笔者针对迷路经验文本,将预定义好的多个常规问题使用 ChatGPT 大模型转化为 Cypher 语句,接着对生成好的 Cypher 语句进行人工校验。通过 ChatGPT 大模型将问题生成 Cypher 语句,大大减少了处理问题的工作量。问答系统工作流程:首先,模型将用户的问题转化为 Cypher 语言;然后,将 Cypher 语言应用到 Neo4j 数据库中执行查询操作;最后,将查询结果以图和自然语言的形式反馈给用户。问题和答案示例如表 1.5 所示。

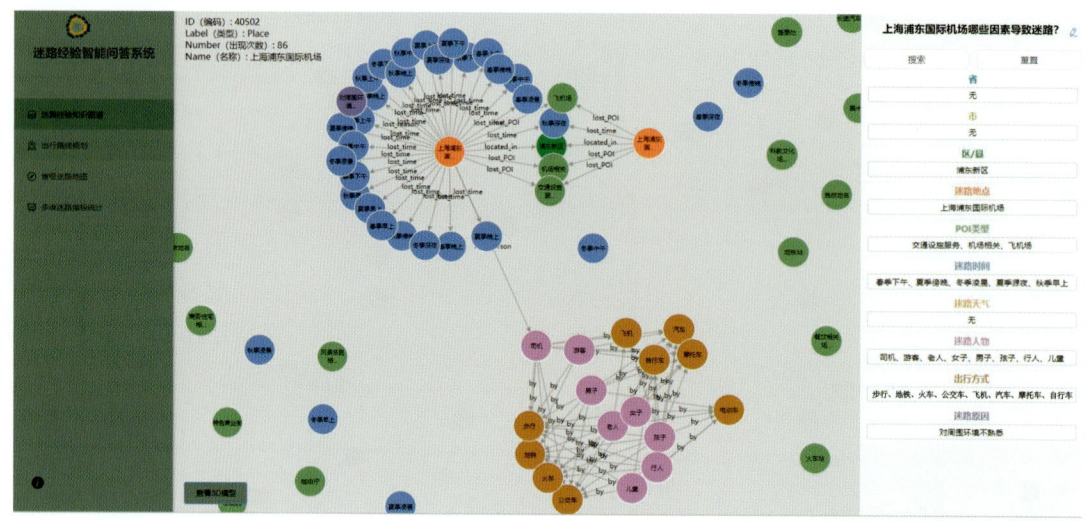

图 1.7 迷路经验问答系统搜索页面

表 1.5 Neo4j 迷路经验智能系统问答结果表

提问	实体提取	关系提取	回答
重庆有哪些因素可能会导致迷路?	重庆	迷路时间、迷路天气、迷路原因	可能会导致迷路的因素有冬季晚上、秋季凌晨、阴天、暴雨、地形复杂、建筑物密集、迷路人员年龄较大、无法使用或缺少导航系统
重庆有哪些地方容易迷路?	重庆	位于	重庆容易走失的地方有渝中区白象故居、菜园坝、栗子坝、洪崖洞、来福士广场、解放纪念碑、陵园、朝天门广场;渝北区重庆北站、重庆江北国际机场、园博园、南岸区南坪万达广场、黄觉湾立交桥;江北区红鼎国际、观音桥;沙坪坝区陆军军医大学西南医院
我是第一次在重庆开车,您有什么建议?	重庆、汽车	位于	如果您是第一次在重庆开车,请注意避开以下路段,很容易迷路:渝中区菜园坝立交桥、渝北区童家堆立交桥、南岸区黄觉湾立交桥和荣桥立交桥、江北区李家坪立交桥、九龙坡区陈家坪立交桥
我想去南京新街口,有什么出行建议?	南京新街口	迷路时间、迷路天气、迷路原因、交通工具	根据现有数据分析,建议人们避免乘坐地铁出行和晚高峰出行。此外,南京新街口楼房密集,人行道少,请注意观察周边,小心迷路

为了帮助用户提升出行规划效率,笔者通过建立模型实现了出行路线规划功能。该功能可以为用户出行提供最优路线,系统界面如图 1.8 所示。用户可以在系统界面的右下角输入起点与终点,比如起点为"武汉市解放公园",终点为"武汉市中山公园",点击"规划"按钮,系统将在地图界面上标注出起点与终点并给出两点之间的最优路线。同时,在右上角给出路线规划的内容弹窗,其中包括两个地点之间详细的路线走向以及需要经过的道路长度。此外,在该弹窗下还附有一个路径避让的提示,给用户提供实时的路况以及天气情况,方便用户进一步规划自己的出行。

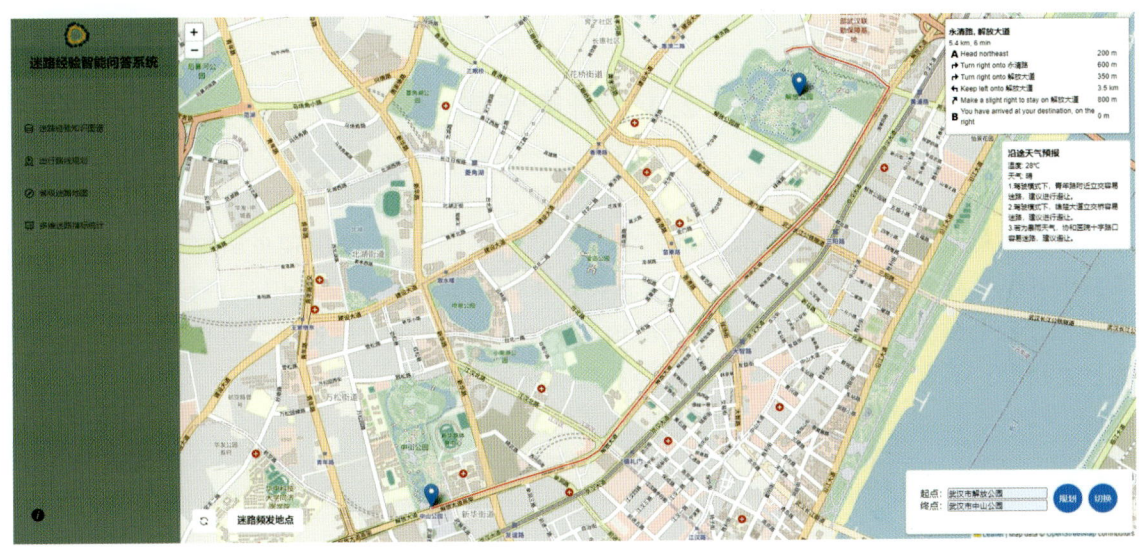

图 1.8 迷路经验问答系统出行路径规划页面

1.5 本章小结

本章完成了迷路经验知识的概念建模,构建了迷路经验概念模式 NLKG。从易迷路场景下导航者的主观特征和客观环境特征视角,将迷路经验实体确定为地名实体、时间实体、天气实体、人物实体和 POI 实体等 8 类迷路相关实体,并将实体之间的关系分类为迷路时间、迷路天气、迷路 POI 等 8 类迷路相关关系,由实体类别信息表达迷路场景中的空间、时间、人物和天气等 8 个维度。迷路经验概念模式整合了迷路经验文本中的时空信息,旨在增强导航者对导航环境的理解和决策。最后,基于已构建的 NLKG,作了一些实际应用:从整体、场景划分的角度分别分析了迷路因素的重要度,基于因素重要度分析,预测迷路风险,分析迷路因素间的关联性,开发迷路经验智能问答系统。通过这些应用,说明 NLKG 不仅可以加深导航者对迷路事件的理解,同时还可以在导航系统优化、城市规划、旅游管理等方面有效地帮助预防迷路事件的发生。

第 2 章 面向迷路经验文本的分类

2.1 研究背景

构建符合迷路经验语义的特定数据集,面临着如何从浩如烟海的社交媒体文本中筛选出导航经验文本的问题,即导航经验文本的分类问题。具体而言,使用爬虫引擎获取的社交媒体文本并不全是导航经验文本,需要文本分类器来判别社交媒体文本中是否包含导航经验。本章通过自主标注方式构建面向迷路经验语义的语料库,训练适用于迷路经验文本分类任务的分类模型。本章的导航经验仍以迷路经验为实例展开研究。

2.2 研究方法

2.2.1 迷路经验文本采集及数据清洗

2.2.1.1 迷路经验文本数据集获取

在社交媒体平台新浪微博网站获取以"迷路"为关键字的文本,简称为迷路经验文本。获取迷路经验文本的工作流程如图 2.1 所示。

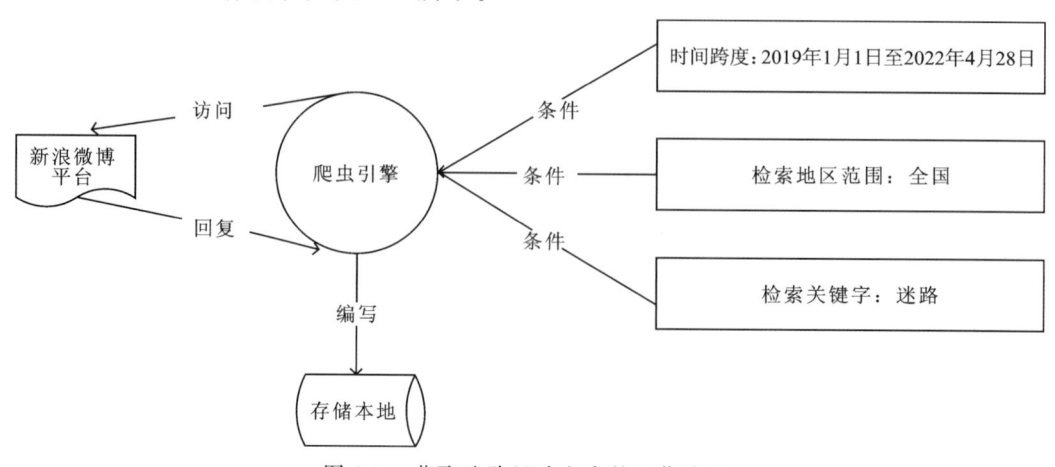

图 2.1 获取迷路经验文本的工作流程

(1) 确定社交媒体平台。本研究使用国内知名度较高的社交平台——新浪微博。

(2) 确定检索条件。检索时间跨度设置为 2019 年 1 月 1 日到 2022 年 4 月 28 日。检索使用的发布地区范围设置为"全国",检索关键字设置为"迷路"。

(3) 根据检索范围使用 Python 的爬虫引擎模拟用户访问新浪微博平台并解析网站内容,将发布内容写入本地转成 CSV 结构化数据文件。其中,user_id 字段表示发布微博的用户 id,用户昵称字段表示用户发布微博所显示的名称,微博正文字段表示发布的主要内容,发布时间表示发布微博的时间,发布工具表示用户通过使用何种设备平台发布的微博。最后获取了 25 972 条样本,获取的内容示例如表 2.1 所示。

表 2.1 获取的迷路经验文本

user_id	用户昵称	微博正文	发布时间	发布工具
3822639751	揉进天空	#心情日记#,去南京三次了,每次都在街道口地铁站转圈,一圈又一圈,最后还是靠着执勤人员的指引才能走出来!	2022 年 5 月 1 日 23:33	荣耀 10 青春版
5292619448	lbrb1983	雾霾天气,今天爬山就是场拉练,走完了规划的路线。下山走了一条偏僻的进香古道,极其难走。尽管有手表导航,但还是差点迷路两次。临近终点的路途中居然碰到一处奇特的石头房子,就在拍照片的时候身后树丛中飞出一只雉鸡,真真切切吓了一跳。估计以后会很少来这里徒步了	2022 年 4 月 10 日 20:25	Redmi K40 Pro+
6351183486	颖味土豆	没想到我已经路痴到这个地步了[sos],陪舍友去快递点拿快递,顺便在学校里转了一圈,我就找不着东西南北了,如果没有我亲爱的舍友,我可能就要原路返回到快递点再回宿舍了	2021 年 11 月 1 日 19:57	小米手机

2.2.1.2 迷路经验文本数据清洗

文本数据预处理的第一个步骤是去除重复文本。数据重复的部分主要针对的是由于被多个用户转发或者有部分用户重复发表相同的内容。

文本数据预处理的第二个步骤是去除文本中的有偏内容。例如:错别字、表情字符、特殊字符符号和语法错误等。例如:"行摄宁波#带着微博去宁波#宁波有新山了[山峰]狮子山,名字霸气早睡早起,和家人们去打卡吧/国庆 10.1 刚开放/靠近慈城古镇和苏湖风景区/海拔很低,适合散步哈,还有来回跑拉练/绿化有很多小花[花花]还有狗尾巴草/顶部有个白色看台,能看尽周边美景~/别全按导航,得从党校那边弯进去,不然会迷路哦~(by@白羊嘉

pick)♯宁波秋游"。在这段迷路经验文本中存在着大量的有偏字符,例如其中的"♯"表示的内容为超话,"@"表示微博中某人给指定的用户一个提示,与正文内容无关。另外,文本中有很多表情符号,例如"[山峰]",绝大多数表情更多的是代表用户的心情状况。为减少后续分类任务的复杂性,将其删除。针对上述有偏内容,构建正则表达式将有偏内容去除,其伪代码如算法 2.1 所示。

```
算法 2.1  基于正则表达式的清洗迷路经验文本的算法
Input: A character string text, filter is a regular matching function.
Output: The returned filtered text.
text ← filter (microblog reply filtering, text)
text ← filter (microblog expression filtering, text)
text ← filter (microblog URL filtering, text)
text ← filter (microblog nonsense word filtering, text)
return text
```

分词是迷路经验文本数据处理的最后一步。本章使用结巴分词工具将句子分成词集。该工具有 3 种分词模式:全分词模式、精确分词模式和搜索引擎分词模式。此处采用精确分词模式对迷路经验文本进行分割。然后,根据停用词词典将文本中的停用词进行过滤,比如"啊""或者"和"例如"等字符。为了避免地图、超文本、话题、平台、链接和转发等微博常用词汇的影响,这些词汇被写入停用词词典中。

2.2.2 迷路经验文本分类

2.2.2.1 迷路经验文本分类数据集的自主标注方法

由于社交媒体文本中有商业内容与广告过多、内容限制性不够高以及部分发表内容过少等问题,因此我们自主标注迷路经验文本分类数据集,用于训练分类模型,以便得到高质量迷路经验文本。

结合前文对迷路经验的定义,迷路经验文本分类标准为:将文本中包含迷路经验信息的样本设为正样本,其余设为负样本。

由表 2.2 可知,包含迷路经验信息的样本具有迷路环境特征,比如"体育中心"是位置特征,"雨天"是天气特征。标注的数据集中,正样本 5670 个,负样本 13 860 个,训练集、验证集和测试集的划分比例为 8:1:1。

表 2.2 迷路经验文本分类标注示例

迷路经验文本	标签
2018 年 12 月 31 日这一天和这妞儿最开心,就是有一点点糗一丢丢糟糕(都怪导航导迷路了),以后我这个出门不能自理的人不要再让人担心啦,2019 年 1 月 1 日开始我要变聪明变聪明变聪明,加油·0·	0
在体育中心迷路了一个半小时,也不知道是不是因为下雨天!	1

2.2.2.2 迷路经验文本分类方法

迷路经验文本中存在大量的错别字、谐音字、语法错误以及特殊字符符号。为减少噪声带来的影响，笔者尝试利用 BERT 模型随机掩盖 15% 字符的机制以减少文本噪声的干扰，并使用 LightGBM 模型作为文本分类器。

由于文本内容并不能直接被机器学习模型处理，需要将文本转换为向量表示。基于数据集中迷路经验信息的特点、计算速度和 TF-IDF 具有关注在文档中出现更少的词条特点等原因，本书采用 TF-IDF 作为文本特征的提取方法，具体计算过程如式(2.1)所示。

$$\text{TF-IDF} = \frac{\text{在文档中某个词条中出现的总次数}}{\text{文档的总词条数}} \times \log\left(\frac{\text{集合中文档的总数}}{\text{包含词条的文档数}+1}\right) \quad (2.1)$$

构建 LightGBM 分类模型的具体过程如图 2.2 所示。

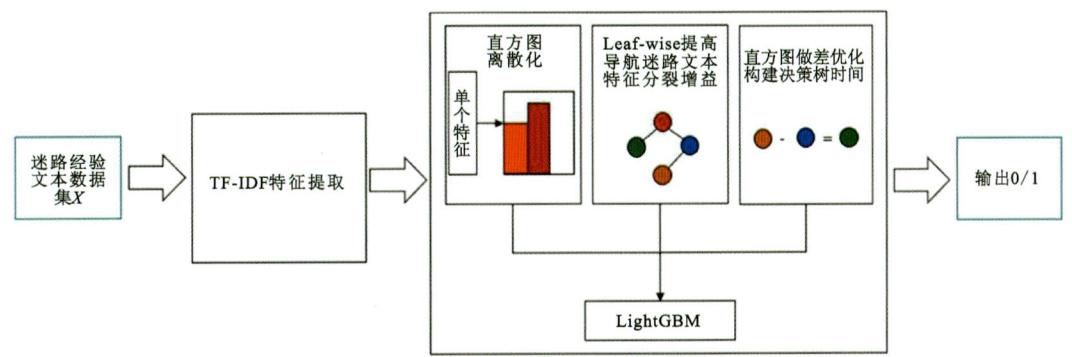

图 2.2　迷路经验文本分类过程

首先，将标注好的迷路经验文本分类数据集经过 TF-IDF 特征提取对文本进行向量表示。其次，将文本向量作为 LightGBM 输入，LightGBM 使用直方图算法以及按叶子节点分裂的方式处理迷路经验文本特征，从而提升模型对该特征处理的准确性。LightGBM 的迷路经验文本分类模型构建完成后可用于迷路经验文本分类任务。

2.3　实验与讨论

迷路经验文本分类任务是一个二分类任务。二分类任务常用的模型评估指标为精确率(precision)、召回率(recall)和 F_1 分数。在二分类任务中，精确率代表预测为正类的样本中正样本的比例，召回率代表正样本中预测为正类的比例。

如表 2.3 混淆矩阵所示，True Positive(TP)是将属于正类的类别预测为正类的数量，True Negative(TN)是将属于负类的类别预测为负类的数量，False Positive(FP)是将属于负类的类别预测为正类的数量，False Negative(FN)是将属于正类的类别预测为负类的数量。精确率和召回率的公式如式(2.2)和式(2.3)所示，F_1 分数为这两类指标的综合表示，公式如式(2.4)所示。

表 2.3　混淆矩阵

	Positive	Negative
True	TP	TN
False	FP	FN

$$\text{Precision} = \frac{\text{TP}}{\text{TP}+\text{FP}} \tag{2.2}$$

$$\text{Recall} = \frac{\text{TP}}{\text{TP}+\text{FN}} \tag{2.3}$$

$$F_1 = \frac{2 \cdot \text{Precision} \cdot \text{Recall}}{\text{Precision}+\text{Recall}} \tag{2.4}$$

在迷路经验文本分类任务中,同时将随机森林、LightGBM、XGBoost、BERT 深度学习模型和逻辑斯蒂回归模型进行了对比。在使用逻辑斯蒂回归(LR)、随机森林(RF)、LightGBM 和 XGBoost 模型时,需要使用 TF-IDF 提取文本特征以将文本转化为模型可输入的形式。当使用 BERT 模型时,需要将迷路经验文本分类数据集中的新词更新至 BERT 词表。迷路经验文本分类实验结果具体如图 2.3 所示。

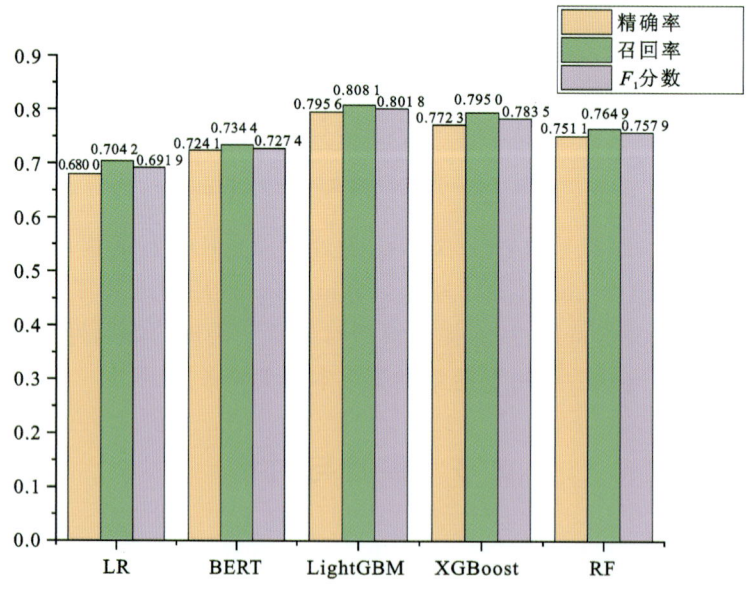

图 2.3 迷路经验文本分类模型对比结果

在评估多个基线模型的时候发现,虽然 BERT 具有随机屏蔽字符以减少噪声干扰的机制,但性能指标与 LightGBM 和 XGBoost 模型相比表现较低。具有集成学习特点的模型 RF、XGBoost 和 LightGBM 效果均好于其他模型,其中 LightGBM 模型分类效果最好。该模型精确率为 0.795 6,召回率为 0.808 1,F_1 分数为 0.801 8。因此后续选择 LightGBM 模型作为迷路经验文本分类任务的分类器。

2.4　本章小结

本章主要介绍了迷路经验文本分类的整体流程,主要目的是得到包含迷路经验信息特征的迷路经验文本。为解决迷路经验相关样本稀缺的问题,我们使用迷路经验文本数据首次构建了领域语料库。从社交媒体平台采集了迷路经验文本并自主标注了迷路经验文本分类数据集,评估了不同分类器的性能。结果显示,具有集成学习特点的模型更能捕获到包含迷路经验信息特征的迷路经验文本,LightGBM 模型更适用于迷路经验文本分类任务。它可以支撑高质量迷路经验文本的获取,为后续的迷路经验知识图谱下游应用任务提供数据基础。

第 3 章　面向导航经验文本的知识抽取

3.1　研究背景

导航经验文本的知识抽取涉及命名实体识别（named entity recognition，NER）和关系提取（relation extraction，RE）两大任务，它们也是构建 NLKG 的关键环节。该任务的主要方法包括基于规则和字典的方法、基于传统机器学习的方法和基于深度学习的方法。前两种方法需要大量的人工参与和特征工程进而导致资源与时间的浪费，并且处理大规模语料库时还会受到性能瓶颈的影响。随着深度学习技术的迅速发展，越来越多的研究人员将深度学习用于信息提取任务。在地球科学领域，有许多的研究实现了单个的 NER 或 RE 任务，但很少将两者结合在一起构建三元组。三元组通过（实体 A，关系，实体 B）的形式表达文本中实体与实体间的关系，这种形式不仅使得文本知识能够得到结构化的存储，且有利于知识图谱的构建。近年来，大多数研究首先对语料库进行序列标注，然后依次执行 NER 和 RE 任务，最后构建相关领域的知识图谱。但是，这种管道式的方法可能会导致错误累积，因为 NER 阶段产生的错误会直接传递到 RE 阶段，从而影响三元组的抽取精度。不同于管道式，联合式方法以减少 NER 和 RE 任务间的传播误差为目的，通过一定的方式将两个任务整合在一起联合学习。一般来说，联合式方法对三元组的抽取结果优于管道式方法的抽取结果。本章分别对管道式方法与联合式方法给予了相应的解决方案。

3.2　研究方法

3.2.1　导航经验实体抽取

本节主要介绍迷路经验命名实体识别方法。采用 BERT-BiLSTM-CRF 模型作为构建实体抽取的基础方法，以迷路经验文本作为实体抽取对象。BERT 训练的语言模型可以作为 BiLSTM-CRF 模型的词嵌入层，执行将每条字符串转化为向量的任务，然后利用 BiLSTM 层和 CRF 层对原始文本进行标记，得到预测的序列标注结果。为提升 BERT-BiLSTM-CRF 模型在迷路经验实体数据集上的性能，常采用基于快速梯度的对抗训练和设置分层学习率策略两种有效的方法。

对抗训练方法是一种通过对原始的输入引入微小扰动来增强模型泛化能力的技术。我们使用的是基于快速梯度的对抗训练方法提升 BERT-BiLSTM-CRF 模型在迷路经验实体抽取数据集上的性能,其主要思想是将 BERT 层中嵌入后的向量在反向传播过程中加入梯度方向的干扰,干扰的大小可以通过手动调节扰动参数。对样本加入扰动迫使模型在训练过程中学习到更加泛化的文本特征,减少对训练数据过度拟合的风险,从而提升在迷路经验实体抽取任务方面的表现。

设置分层学习率旨在使模型的各个子模型参数达到最优。由于 BERT 本体模型已经经过了预训练阶段,参数已经达到较好的水平,即使使用过低的学习率,BERT 模型性能变化也不大,而双向 LSTM 模型参数随机初始化,使用较低的学习率容易导致模型在迷路经验实体抽取数据集上训练得较慢并且很难与 BERT 模型训练同步。故针对迷路经验实体抽取任务对 BERT-BiLSTM-CRF 模型设置分层学习率,将双向 LSTM 层的学习率设置为 BERT 层的 100 倍后,显著提升了实体抽取任务的效果/能力。

接着引入对抗训练策略 BERT-BiLSTM-CRF 方法的网络结构如图 3.1 所示。

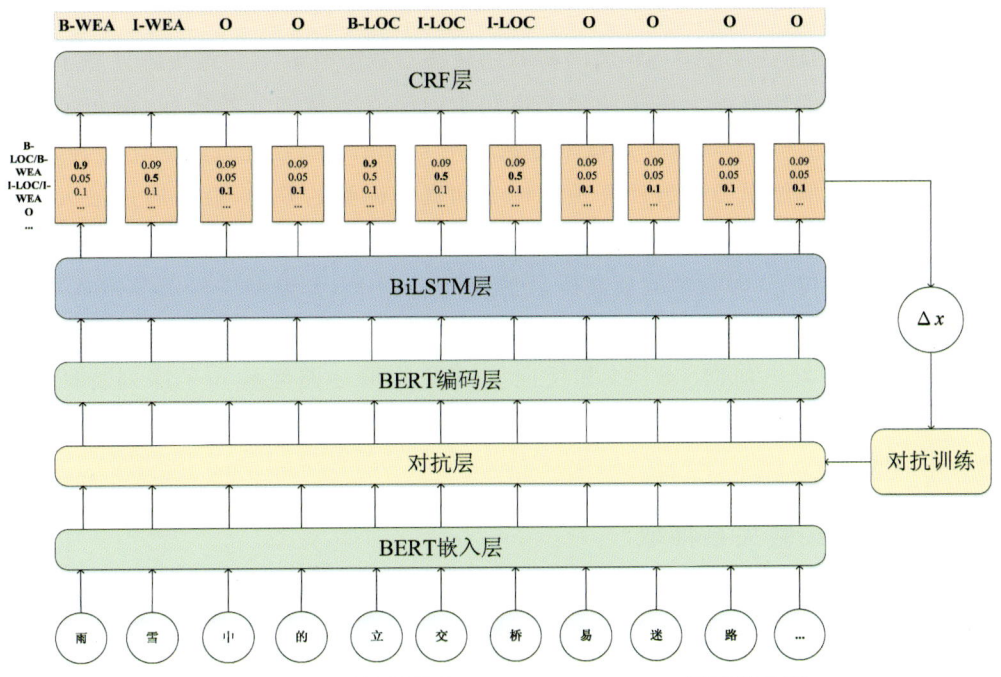

图 3.1 基于对抗训练的 BERT-BiLSTM-CRF 网络结构图

迷路经验实体抽取任务的模型构建具体描述如下:

(1)在嵌入层中,将标注好的迷路经验实体抽取数据集作为整个模型的输入传入 BERT 嵌入层,将迷路经验文本中的每个字符映射到低维密集词向量(字符嵌入)$x_i \in R^d$,d 为嵌入维数,最终得到字符嵌入序列向量 $(x_1, x_2, \cdots, x_m)$,记作 $\boldsymbol{X}$。

(2)在对抗层中,首先计算嵌入向量 $\boldsymbol{X}$ 的梯度,通过梯度计算得到对抗扰动变量 Δx,之后将嵌入向量 $\boldsymbol{X}$ 加入变量 Δx 最后得到对抗嵌入向量 $\boldsymbol{X}_{\text{adv}} = \{x'_1, x'_2, x'_3, \cdots, x'_m\}$,最后将对抗嵌入向量经过 BERT 编码层输出。对抗嵌入向量具体计算如式(3.1)~式(3.3)所示。

$$G_{\text{radient}} = \nabla_{\boldsymbol{X}} L(\boldsymbol{X}, y; \theta) \tag{3.1}$$

$$\Delta x = \varepsilon \cdot \frac{G_{\text{radient}}}{||G_{\text{radient}}||_2} \tag{3.2}$$

$$\boldsymbol{X}_{\text{adv}} = \boldsymbol{X} + \Delta x \tag{3.3}$$

式中：$L(\boldsymbol{X}, y; \theta)$ 为向量 $\boldsymbol{X}$ 的代价函数；y 为标签；θ 为模型参数；G_{radient} 为代价函数的梯度；ε 为对抗扰动因子的超参数。

（3）BiLSTM 层具备提取句子特征的能力。经过编码后，字符向量序列 $(x'_1, x'_2, x'_3, \cdots, x'_m)$ 作为每一步 BiLSTM 的输入。前向 LSTM 的隐藏状态输出序列 $(\vec{h}_1, \vec{h}_2, \cdots, \vec{h}_m)$ 和反向 LSTM 对应的输出顺序 $(\overleftarrow{h}_1, \overleftarrow{h}_2, \cdots, \overleftarrow{h}_m)$ 按位置 $h_t = [\vec{h}_t; \overleftarrow{h}_t] \in R^n$ 组合，从而得到隐藏状态的完整序列 $(h_1, h_2, \cdots, h_m) \in R^{m \times n}$。

（4）从双向 LSTM 中输出会经过线性层，该层的功能是将隐藏状态向量从 n 维映射到 k 维，其中 k 为迷路经验实体抽取任务标注方案中定义的标签个数，最后得到迷路经验文本句子特征矩阵。

（5）在 CRF 序列标注层中，CRF 层的参数用转移分数矩阵表示。该矩阵计算了标签序列的得分情况，整个序列分数等于迷路经验文本句子内所有字符的分数之和，由句子特征矩阵和转移分数矩阵决定。每个观测序列概率分数利用 softmax 函数进行归一化得到，在模型训练阶段，使用负对数似然损失函数计算预测标签和真实标签的差异，最后通过最大化对数似然函数和维特比算法进行训练。在预测阶段，利用动态规划算法求解预测中的最优路径。

如图 3.1 所示，句子"雨雪中的立交桥易迷路"输入 BERT 模型中经历了嵌入层、对抗层和编码层，在对抗层中对每个字符的向量加入微小的扰动并经过编码层输出结果作为下一层 BiLSTM 的输入，接着由前向 LSTM 和反向 LSTM 提取迷路经验句子序列特征。最后由 CRF 解码进行序列标注，将"雨雪"标记为天气实体，"立交桥"标记为地名实体，至此完成了迷路经验实体抽取。

3.2.2 导航经验关系抽取

本节主要介绍导航经验关系抽取方法。导航经验关系抽取任务，其中关系指实体之间的联系，关系抽取即通过使用一定的技术识别出这种存在于实体之间包含语义的联系。导航经验文本经过实体识别后产生的迷路经验实体是构成知识图谱的基本组成部分，同时也是领域图谱的知识粒度。导航经验中实体之间存在多种语义关系，因此需要将实体识别结果，如"时间""人物""地名"和"天气"等知识单元相互关联起来，以形成一个完整的语义网络。因传统基于规则的关系抽取方法整体效率较低，需要人工处理。通过自主标注的导航经验关系抽取数据集训练并评估了现有的 5 种关系抽取模型，通过横向对比，本章采用 PRGC 关系抽取模型。

对于导航经验关系抽取任务，搭建了 PRGC 模型。该模型的具体结构如图 3.2 所示。

（1）首先对输入的句子比如"杭州天目医院的迷路 POI 是医院保健服务，武汉天河国际机场的迷路 POI 是交通设施服务"使用预训练的 BERT 编码器编码得到 h 向量。

（2）同时执行两个任务，即图中的绿色部分和金黄色部分。绿色部分表示全局对应关系，

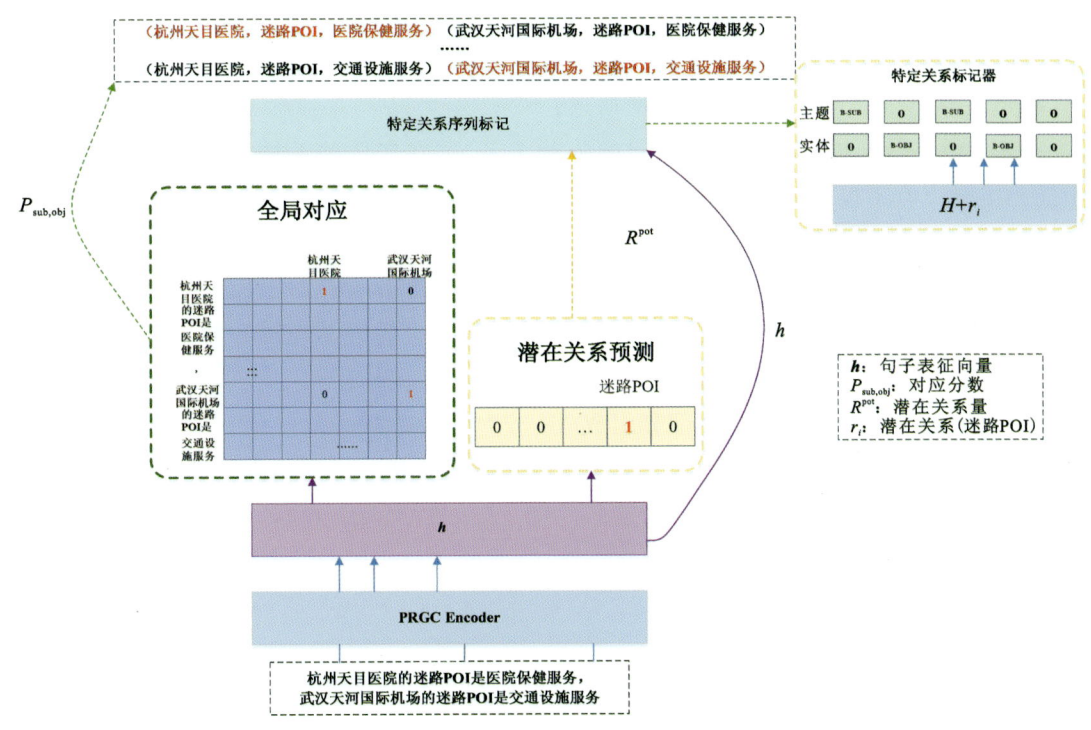

图 3.2 PRGC 关系抽取模型

是 $n \times n$ 的矩阵,为两个位置之间的主宾语对应关系,有关系的为 1,没关系的为 0。金黄色部分是一个长度为 n 的向量,代表了所有迷路关系的状态。其中,标记为 1 表示迷路 POI 在句子中可能存在,而标记为 0 则表示迷路 POI 在句子中可能不存在。

(3)针对已经提取的潜在迷路关系和句子编码向量 h,执行特定关系标记任务,对每个可能的关系,都计算出迷路 POI 关系对应的主客实体标记(BIO,B-begin;I-inside;O-outside),可能有多个,最终可得到一个列表。

3.2.3 导航经验实体关系联合抽取

本节设计了面向导航经验的实体关系联合式抽取方法,提出了一种基于 CasRel 模型改进的三元组联合抽取模型 NavLTR,用于从导航迷路文本中抽取核心迷路实体及其关系,如图 3.3 所示。具体而言,首先使用 ERNIE 预训练模型,然后在 ERNIE 编码后,结合 BiLSTM 和自注意力机制建立文本的长期依赖关系,并应用 GCN 进一步捕捉实体间的关系。

ERNIE 通过融合丰富的知识图谱信息,能够在预训练阶段就引入实体和实体间关系的深层次语义信息,相较于 BERT 仅依赖上下文的预训练机制,ERNIE 能更准确地捕捉和利用文本中的隐含信息。此外,ERNIE 的预训练包括对字词融合的优化,增强了模型在多义词和上下文依赖型语义理解方面的准确性。

BiLSTM 通过其双向结构,获取文本序列中每个元素的前向和后向上下文信息,对于理解文本中的长距离依赖关系至关重要。自注意力机制通过引入权重分配机制,使 NavLTR 模型能够关注到序列中相对更重要的部分,从而提升信息提取的准确性和效率。结合 ERNIE 深层次的语义理解能力、BiLSTM 提供的顺序信息处理能力以及自注意力机制的上下文加权聚焦,模型能够更全面地理解和表征文本信息。

GCN 能够高效地捕获和利用节点间的依赖关系,这在实体关系抽取的自然语言处理任务中尤为重要。它不仅能从序列数据中学习文本的线性特征,还能从图结构中学习非线性和高度结构化的信息,通过引入这种结构化信息,能够更广泛地理解文本中的复杂关系,特别是在涉及多个实体和复杂关系网络的场景中。此外,GCN 的引入有助于模型更好地理解文本的语义层次结构,通过图结构表示的上下文信息,为深层次的语义理解和精细化信息抽取提供了有力支持。

NavLTR 模型主要由以下几个部分组成(图 3.3):

(1)ERNIE 词嵌入层。利用 ERNIE 对输入的文本进行切分得到相应的编码,通过式(3.4)得到每个词对应的向量用于模型后续的编码。

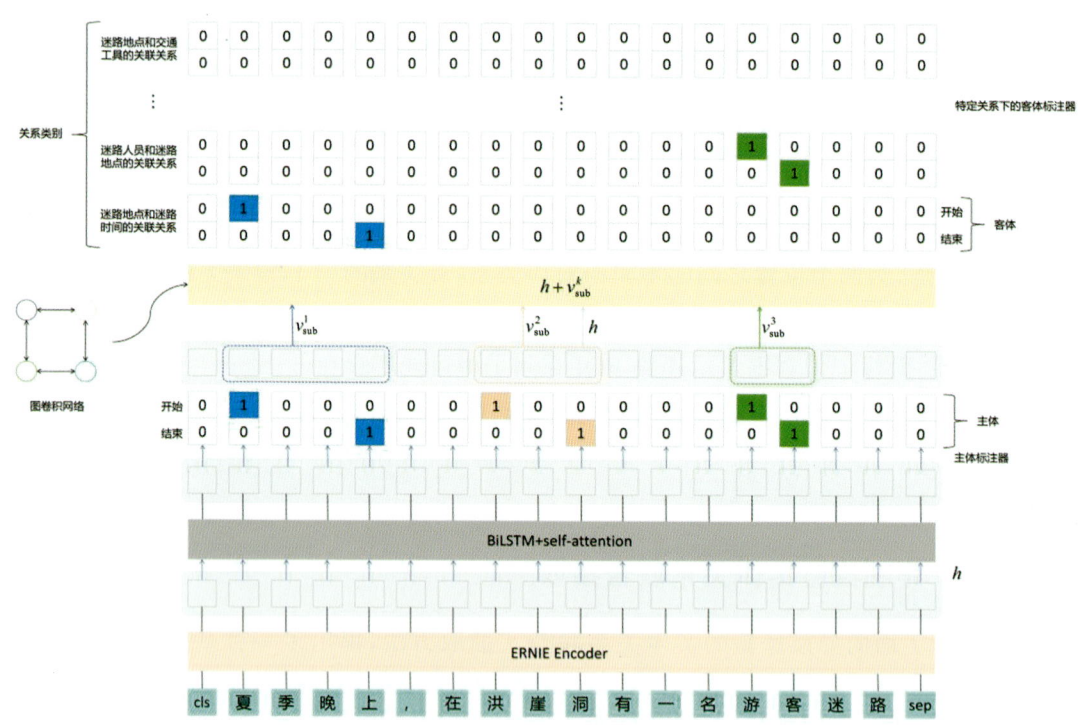

图 3.3 改进的三元组迷路经验联合抽取模型 NavLTR

$$i \in [1, N] \quad h_i = E(w_i) \tag{3.4}$$

式中:N 为句子长度;E 为预训练模型 ERNIE;w 为词在句子中的独热编码(one-hot)。

(2)BiLSTM 与 self-attention 层。ERNIE 输出的编码向量作为输入向量,利用 BiLSTM 获取上下文信息,如式(3.5)所示。

$$H = \text{BiLSTM}(h_i) \tag{3.5}$$

由于文本中的关系信息可能会出现在句子的不同位置,BiLSTM 虽可以获取句子的局部特征信息,但是不能确定哪些词对关系分类作用更显著。引入 self-attention 层,其不受词之间距离的限制计算依赖关系,允许模型在每个位置动态地聚焦于序列中其他位置的信息,从而捕获序列内部的复杂依赖关系,利用式(3.6)计算文本中不同位置对其他位置的贡献。

$$\text{Attention}(\boldsymbol{Q},\boldsymbol{K},\boldsymbol{V}) = \text{soft max}(\frac{\boldsymbol{QK}^T}{\sqrt{dk}})\boldsymbol{V} \quad (3.6)$$

式中:$\boldsymbol{Q}$、$\boldsymbol{K}$ 和 $\boldsymbol{V}$ 这 3 个矩阵是由 $\boldsymbol{H}$ 通过线性变换得到的;$\boldsymbol{Q}$ 代表目标位置想要关注的信息;$\boldsymbol{K}$ 用于与查询匹配以确定每个位置的重要性;$\boldsymbol{V}$ 包含实际想要聚焦的内容;T 为矩阵 $\boldsymbol{K}$ 的维度,用于缩放点积结果。

(3) 主体抽取层。对 BiLSTM 与 self-attention 层的结果进行解码,构建两个二分类器。由式(3.7)和式(3.8)分别预测主体的开始和结束位置,计算每个词作为开始和结束的概率,根据设定的阈值,大于阈值的标记为 1,否则为 0。

$$p_i^{\text{start\_sub}} = \sigma(W_{\text{start}} x_i + b_{\text{start}}) \quad (3.7)$$

$$p_i^{\text{end\_sub}} = \sigma(W_{\text{end}} x_i + b_{\text{end}}) \quad (3.8)$$

式中:x_i 为输入向量中第 i 个词的编码表示,由 $x_i = h_N[i]$ 得到;$W(\cdot)$ 为训练权值;$b(\cdot)$ 为偏差;σ 为 sigmoid 激活函数;$p_i^{\text{start\_sub}}$ 是输入向量中第 i 个词为主体的开始位置的概率;$p_i^{\text{end\_sub}}$ 为结束位置的概率。

(4) GCN 层。GCN 通过在图结构上应用卷积操作,使得每个节点不仅包含自身的特征信息,还融合了其邻近节点的特征信息,如式(3.9)所示。这一过程有助于模型捕捉实体之间的直接和间接关系,以及实体与其上下文之间的相互作用。

$$\boldsymbol{H}^{(l+1)} = \sigma(\widetilde{\boldsymbol{D}}^{-\frac{1}{2}} \widetilde{\boldsymbol{A}} \widetilde{\boldsymbol{D}}^{-\frac{1}{2}} \boldsymbol{H}^{(l)} \boldsymbol{W}^{(l)}) \quad (3.9)$$

式中:$\boldsymbol{H}^{(l)}$ 表示第 l 层的节点特征矩阵;$\widetilde{\boldsymbol{A}} = \boldsymbol{A} + \boldsymbol{I}$ 表示图的邻接矩阵 $\boldsymbol{A}$ 加上单位矩阵 $\boldsymbol{I}$;$\widetilde{\boldsymbol{D}}$ 表示 $\widetilde{\boldsymbol{A}}$ 中每行元素之和构成的对角矩阵;$\boldsymbol{W}^{(l)}$ 表示第 l 层的权重矩阵;σ 为激活函数。

(5) 客体标注层。类似于主体抽取,客体标注由式(3.10)和式(3.11)计算每个关系对应的客体标注。

$$p_i^{\text{start\_ob}} = \sigma[W_{\text{start}}^r(x_i + v_{\text{sub}}^k) + b_{\text{start}}^r] \quad (3.10)$$

$$p_i^{\text{end\_ob}} = \sigma[W_{\text{end}}^r(x_i + v_{\text{sub}}^k) + b_{\text{end}}^r] \quad (3.11)$$

式中:$p_i^{\text{start\_ob}}$ 和 $p_i^{\text{end\_ob}}$ 表示将输入向量中的第 i 个词分别识别为客体的开始和结束位置的概率;v_{sub}^k 表示在主体抽取模块中检测到的第 k 个对象的编码表示向量。

(6) 损失函数。模型整体的损失值由主体抽取任务和关系条件下客体抽取任务的损失之和表示,即

$$L = \sum_{s \in T_j} \lg p_\theta(s|x) + \sum_{s \in T_j} \lg p_{\varphi r}(o|s,x) \quad (3.12)$$

式中:$T_j = \{(s,r,o)\}$ 是句子中的潜在三元组。

3.3 实验与讨论

3.3.1 导航经验实体抽取结果

(1)实验环境。迷路经验实体抽取实验在表 3.1 展示的系统环境下完成。

表 3.1 实验环境

软/硬件环境	配置详情参数
CPU(中央处理器)	Intel(R) Xeon(R) CPU E5-2680 v4
GPU(图形处理器)	Tesla P4-8G
RAM(内存)	8G
操作系统	Linux Ubuntu 18.04
开发语言	Python 3.8
深度学习框架	Tensorflow 1.15

(2)参数设置。迷路经验实体抽取实验在表 3.2 展示的模型参数设置下完成。

表 3.2 模型参数设置

参数名称	参数值	参数名称	参数值
batch_size	16	bert_learning_rate	5e-5
drop_rate	0.1	max_len	150
tensorflow_seed	233	epochs	10
lstm_units	128	numpy_seed	233
lstm_learning_rate	5e-3	ε	0.5

注:ε 为对抗训练强度因子,bert_learning_rate 为 BERT 层的学习率,lstm_learning_rate 为 LSTM 层的学习率。

经过更加精细化的调参,可以得到较好的模型效果。

(3)评价指标。实验过程中用精确率(Precision)、召回率(Recall)和 F_1 分数评价标准,精确率代表的是预测为某一个实体类型标签和边界中实体标签且边界均正确的比例,召回率代表某一类型实体标签且边界被预测均正确的比例。F_1 分数表示为精确率和召回率的调和平均值。

(4)实验结果。实验验证在含有 6 种实体的迷路经验实体抽取数据集上进行。为体现设置分层学习率和对抗训练策略的有效性,根据控制变量法,实验设置了 1 组空白对照组和 3 组实验组。其中,空白对照组是使用 BERT-BiLSTM-CRF 模型作为基线模型。3 组实验组分别为引入设置分层学习率策略的 BERT-BiLSTM-CRF 模型、引入设置对抗训练策略的 BERT-BiLSTM-CRF 模型和引入两种策略的 BERT-BiLSTM-CRF 模型。具体实验结果如图 3.4 所示。

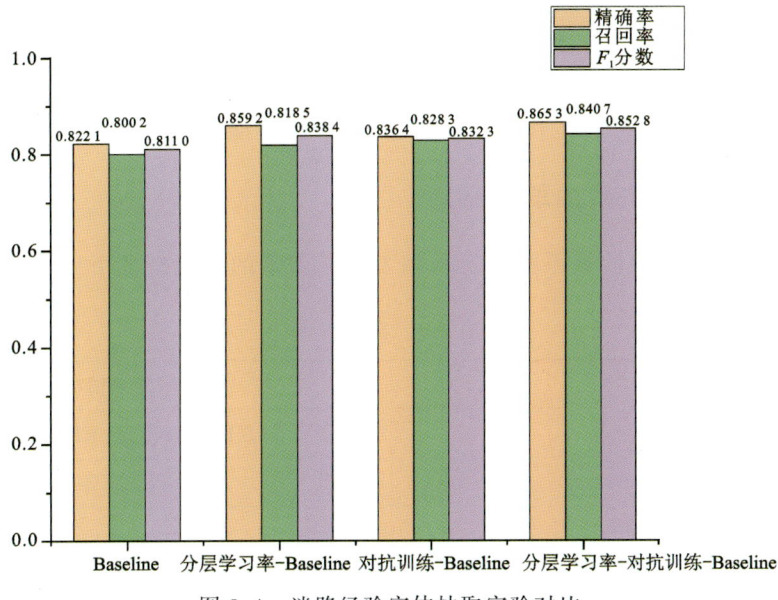

图 3.4 迷路经验实体抽取实验对比

结果表明基线模型 BERT-BiLSTM-CRF 在自主标注的数据集上具有较好的表现,精确率为 0.822 1,召回率为 0.800 2,F_1 分数为 0.811 0。使用设置分层学习率策略以及对抗训练策略对模型性能提升均有效果。引入设置分层学习率的 BERT-BiLSTM-CRF 模型的精确率为 0.859 2,召回率为 0.818 5,F_1 分数为 0.838 4,F_1 分数提升了 0.027,这是因为在训练稀疏数据时设置分层学习率能使 BERT 层和 BiLSTM 层网络参数均能达到较好的水平。而引入对抗训练的 BERT-BiLSTM-CRF 模型的精确率为 0.836 4,召回率为 0.828 3,F_1 分数为 0.832 3,F_1 分数提升了 0.021 3,这是因为在训练稀疏数据时通过对数据增加扰动使模型学习到更加泛化的文本特征表示,从而减少数据集规模较小导致过拟合的风险。同时引入两种策略的模型表现最好。其中精确率为 0.865 3,召回率为 0.840 7,F_1 分数为 0.852 8,与基线模型相比 F_1 分数提升了 0.041 8。综上所述,通过对基线模型 BERT-BiLSTM-CRF 同时引入设置分层学习率和对抗训练这两种策略,模型的性能得到了有效的提升。该模型对各类实体识别的结果如表 3.3 所示。

表 3.3 各类迷路相关实体的识别结果

实体类型	精确率	召回率	F_1 分数
地名	0.887 6	0.862 4	0.874 8
人物	0.608 2	0.563 3	0.584 9
原因	0.844 1	0.825 0	0.834 4
交通工具	0.813 2	0.789 6	0.801 2
时间	0.836 1	0.813 9	0.824 8
天气	0.875 4	0.856 2	0.865 7

由表3.3可知,模型对人物实体的识别性能较低,因为在迷路经验文本中人物实体包含中英文融合、外号、昵称和职业等属性,导致实体边界识别不够准确。同时,和其他实体类型相比,人物实体数量较少,因此模型在训练时提取人物实体特征不足和准确率相对较低。此外,其他类型实体的F_1分数均在0.8以上。综上,该模型能够较好地识别迷路经验实体。

3.3.2 导航经验关系抽取结果

(1)实验环境。迷路经验关系抽取实验在表3.4展示的系统环境下完成。

表3.4 实验环境

软/硬件环境	配置详情参数
CPU(中央处理器)	Intel(R) Xeon(R) CPU E5-2680 v4
GPU(图形处理器)	Tesla P4-8G
RAM(内存)	8G
操作系统	Linux Ubuntu 18.04
开发语言	Python 3.7.9
深度学习框架	Pytorch 1.6
其他	Transformers 3.2.0

(2)评价指标。在迷路经验关系抽取实验过程中使用精确率(Precision)、召回率(Recall)和F_1分数评价标准,与迷路经验实体抽取实验使用的评价指标一致。

(3)实验结果。本章针对迷路经验关系抽取问题构建了5种关系抽取模型,分别为SpERT模型、TPlinker模型、CasRel模型、PRGC模型和R-BERT模型,并且使用精确率(Precision)、召回率(Recall)和F_1分数性能指标在含有5种实体关系的迷路经验关系抽取数据集上分别进行性能评估,实验结果如图3.5所示。

结果表明,PRGC模型在自主标注的数据集上性能表现最好,精确率为0.8967,召回率为0.9062,F_1分数为0.9014。CasRel模型和TPlinker模型在自主标注的数据集上性能接近,F_1分数分别为0.8973和0.8982。召回率和精确率相差较大的模型有SpERT模型和R-BERT模型,SpERT模型精确率为0.7700,召回率为0.8919,相差0.1219;R-BERT模型精确率为0.6809,召回率为0.8170,相差0.1361。这是由于数据集中迷路时间关系占比较大,SpERT模型和R-BERT模型将大部分关系预测为迷路时间。而其他3类关系抽取模型并未受到关系类别比例的影响。实验表明PRGC模型更适用于迷路经验关系抽取任务。

3.3.3 导航经验实体关系联合抽取结果

为了验证本章提出的面向迷路经验的实体关系联合抽取模型NavLTR的性能,本节与前人提出的一些方法进行了对比实验,包括管道式和联合式,对比结果如表3.5所示。管道式在NER阶段和RE阶段分别使用BERT-BiLSTM-CRF和BERT模型。联合式包括基于序

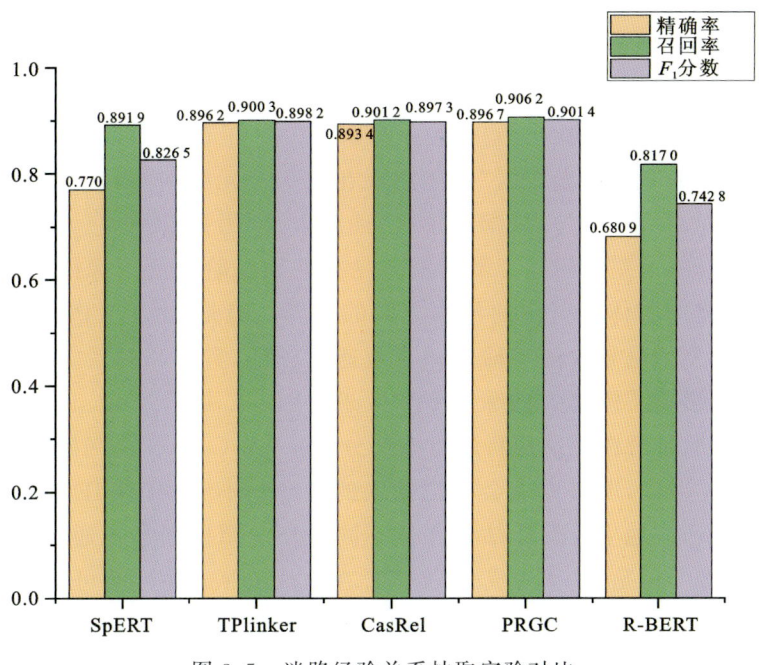

图 3.5　迷路经验关系抽取实验对比

列标注的 CasRel 模型和 PRGC 模型、基于片段的 SpERT 模型、基于填表的 TPLinker 模型和基于生成的 UIE 模型。

表 3.5　不同模型的三元组抽取结果

模型	精确率	召回率	F_1 分数
管道式方法	0.690 9	0.827 0	0.752 8
SpERT	0.780 0	0.891 9	0.832 2
TPlinker	0.906 2	0.910 3	0.908 2
CasRel	0.903 4	0.911 2	0.907 3
PRGC	0.906 7	0.916 2	0.911 5
UIE	0.915 6	0.916 8	0.916 2
NavLTR	0.941 4	0.943 5	0.942 5

从表 3.5 可以看出,管道式方法的抽取结果并不理想,其准确率为 0.690 9,召回率为 0.827 0,F_1 得分仅为 0.752 8,与 NavLTR 相差近 0.20。这是因为管道式两个子任务独立运行会产生传播误差,影响了三元组抽取结果。相较于管道式,前人提出的联合式方法抽取结果虽有明显提高但同样不及 NavLTR。与 SpERT 相比,NavLTR 在 F_1 指数上高出 0.110 3。这是因为基于片段的分类方式会导致模型语义表征能力较弱、缺乏文本中的先验信息,且 SpERT 在训练时所用的数据集较少,模型的泛化能力不佳。对于 TPlinker、CasRel、PRGC 和 UIE 四个模型,其准确率、召回率和 F_1 指数比较接近且都达到了 0.90 以上,但与 NavLTR

相比,每个指数都低了 0.30～0.40。CasRel 的提出主要是为了解决三元组重叠问题,该模型通过 BERT 对输入语句执行矢量编码,然后使用 sigmoid 函数来识别主题实体的头部和尾部位置。然后,根据识别出的主体实体判断特定关系下的对象实体,从而将关系和对象实体作为一个集合输出,保证三元组抽取的完整性。例如,"2023 年春季晚上,热心群众报警称,有一个男孩在曙光小区迷路"中"曙光小区"实体出现在多个三元组中,该模型能够准确地提取出(曙光小区,迷路时间,春季晚上)和(曙光小区,迷路人员,男孩)两个三元组。TPlinker 旨在解决三元组重叠和暴露偏差的问题。暴露偏差是指在训练阶段使用标记实体对正则的预测与模型在推理阶段使用实体对关系的预测之间的差异。但是,由于 TPlinker 构建了大量的关系矩阵,过多的冗余信息导致标签稀疏和收敛速度较低,实体和关系之间缺乏深度的交互和关联,一定程度上影响了模型的训练效率和效果。PRGC 是基于 CasRel 和 TPlinker 改进的。具体地,PRGC 通过潜在关系判断过滤掉部分关系,而 CasRel 会判断每一种关系。这一步骤虽降低计算的复杂度,但有可能会导致抽取的三元组不完整。UIE 将 NER、RE 等任务进行统一的建模,自适应地生成目标结构并从不同的知识源协同学习通用的信息抽取能力,降低了解码的复杂度。但是,基于生成式的 UIE 在生成 token 序列时可能会出现缺少 token 位置信息等情况,因此模型在处理三元组重叠问题时,可能会出现遗漏的情况,导致三元组抽取不完整。

本章提出的 NavLTR 融合了丰富的知识图谱信息,提升了模型对文本的理解能力。基于 ERNIE 对字词融合的优化训练,NavLTR 在上下文依赖型语义理解方面的准确性也得到了增强;通过 BiLSTM 和 self-attention 机制建立输入状态向量之间的远距离依赖关系和全局信息,增强了主体实体识别;通过引入 GCN 建立上下文依赖关系,用于特定关系的对象实体识别阶段。从表 3.5 可以看出,NavLTR 达到了较高的准确率、召回率和 F_1 分数(分别为 0.941 4、0.943 5 和 0.942 5),证明 NavLTR 能够精准地从迷路文本中提取三元组。

3.4 本章小结

本章研究并实现了面向导航经验文本的知识抽取,分别对管道式方法与联合式方法给予了相应的解决方案。①导航经验实体抽取。针对 BERT-BiLSTM-CRF 模型在自主标注规模较小的实体抽取数据集下性能不佳问题,引入对抗训练和学习率分层策略,能够较好地对导航经验实体进行抽取。②导航经验关系抽取。搭建了基于潜在关系和全局对应的联合关系三元组抽取模型,有效地捕获了迷路经验文本中的迷路相关实体的依赖关系,实现了对迷路经验文本数据的迷路关系抽取。③导航经验实体关系联合抽取。本章提出了基于导航迷路文本上下文的三元组联合抽取模型 NavLTR,融合 ERNIE、BiLSTM、自注意力机制和 GCN 模块,能够精确识别迷路实体间的复杂关系,用于构建 NLKG 实例。

第 4 章　典型导航迷路场景的分类计算

4.1　研究背景

导航经验信息是一种从用户角度考虑的主、客观并存的语义信息，这类信息由对应的出行场景产生。而导航经验场景具有时空语义，典型的导航场景的分类识别有助于进一步研究各类场景独有的导航经验信息以及其对出行决策的影响，进而提升出行体验。现有研究鲜有关注此类场景的划分任务。本章聚焦于面向迷路经验文本的迷路经验典型场景挖掘，迷路经验典型场景信息可为导航者出行提供知识指导，亦可服务于城市规划以改善人们的日常出行体验。为探索迷路经验场景中的多样性，本章提出了一套迷路经验典型场景分类技术框架，以实现迷路经验典型场景分类任务。

4.2　研究方法

4.2.1　迷路经验典型场景分类流程

图 4.1 展示了迷路经验典型场景分类的整体框架，该框架包括以下几个主要部分：①迷路经验知识图谱嵌入，这一部分主要是对迷路经验知识图谱中的实体嵌入为向量，使用 Node2vec

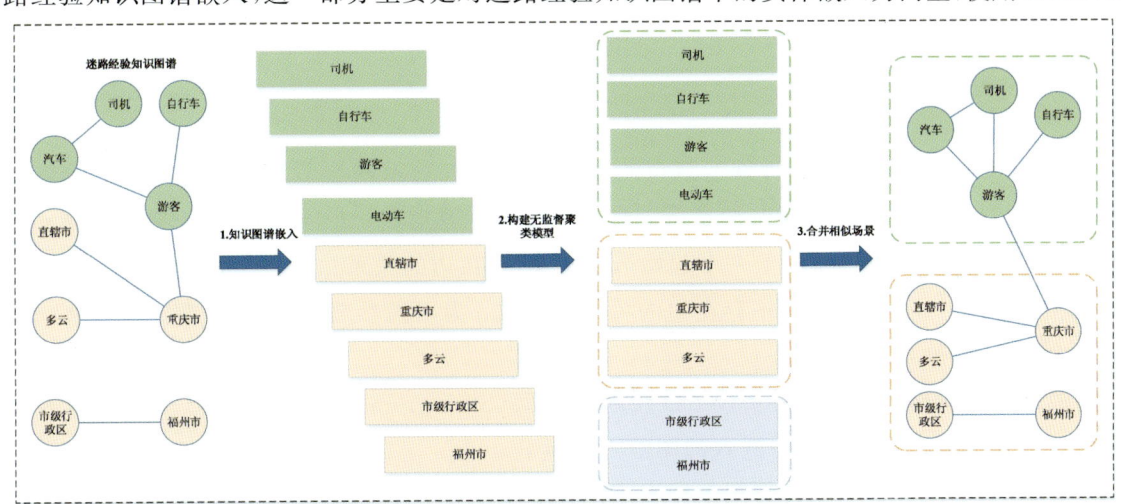

图 4.1　迷路经验典型场景分类框架图

学习迷路经验知识图谱中每个节点的特征并转化为节点低维向量,为后续的迷路经验场景聚类分析奠定基础;②构建无监督聚类模型,该部分主要是构建聚类模型对节点向量进行无监督聚类,初步得到多个迷路经验场景;③合并相似场景,最后这一部分是基于最长公共子串的规则匹配方法用于合并相似场景,最终得到优化的迷路经验典型场景。

4.2.2 迷路经验知识图谱嵌入

迷路经验场景蕴含丰富的经验语义信息,涉及地名、人物、原因、交通工具、时间、水文环境、天气和POI共8个维度,为达成易迷路场景的分类目标,需要研究适合迷路经验知识图谱的图嵌入方法,基于前述工作中构建的迷路经验场景知识图谱作为嵌入辅助结构,实现迷路经验场景的分类。通过知识图谱嵌入,表征地名、天气、人物和时间等迷路经验场景的基本实体之间的隐藏联系,以知识实体驱动来挖掘典型的迷路经验场景。考虑到算力、可行性和模型效果等因素,本章采用较为流行的基于图结构特征的方法Node2vec来实现知识图谱的嵌入。

Node2vec是一种能通过调整方向参数选择DFS游走策略和BFS游走策略的算法。DFS游走策略为了捕获节点之间的同质性,而BFS游走策略是为了捕获图之间相似结构。

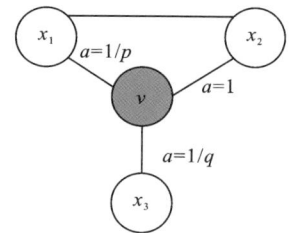

如图4.2所示,节点v表示为开始节点,x_1为游走至节点v的上一个节点,该算法需要计算的是从节点v为开始节点以步长为1到候选节点x的行走概率,通过下列公式进行计算。

图4.2 随机游走过程

$$P(c_i = x \mid c_{i-1} = v) = \frac{\alpha_{pq}(v,x)w_{vx}}{Z} \tag{4.1}$$

式中:c_i表示游走时的当前节点;c_{i-1}表示游走时的上一个节点;Z表示归一化常数;w_{vx}表示图中边的权重。由于本研究在构建的迷路经验知识图中使用Node2vec方法,而迷路经验知识图谱是无边权的图形结构,因此w_{vx}默认为1,$\alpha_{pq}(v,x)$为转移概率,可由下列公式计算。

$$\alpha_{pq}(v,x) = \begin{cases} \frac{1}{p} & d_{vx} = 0 \\ 1 & d_{vx} = 1 \\ \frac{1}{q} & d_{vx} = 2 \end{cases} \tag{4.2}$$

式中:d_{vx}表示可能游走至3种候选节点的类型;$d_{vx}=0$表示候选节点返回上一个起始节点的路径,通过控制p参数能控制游走下一个节点是否需要返回;$d_{vx}=1$表示从当前节点v游走至候选节点x_2和节点v与上一个起始节点x_1的存在边的关系;$d_{vx}=2$表示节点v游走至x_3与v和上一个起始节点x_1不存在边的关系。参数q为出入参数,可通过控制参数q来选择使用BFS策略和DFS策略。

经过游走策略采样后,Node2vec使用跳元模型(Skip-gram)的方法将节点嵌入表示为向量$\mathbf{R}^{N \times d}$,d为嵌入维度,N为嵌入的图节点数量。

在图嵌入之前,首先需要将图数据库中的知识图谱转化为结构化[head, relation, tail]的数据形式,其中 head 为头实体,tail 为尾实体,relation 为实体之间的关系。经过自动化处理和人工构建,得到1441组迷路经验三元组信息数据集,如表 4.1 所示。

表 4.1 迷路经验三元组信息数据集示例

头实体	关系	尾实体
进香古道	迷路时间	春季晚上
洪崖洞民俗风貌区	迷路人物	司机
重庆市	迷路天气	小雨
武汉大学	迷路原因	对周围环境不熟悉
司机	出行方式	火车

基于上述构建的迷路经验三元组数据,Node2vec 算法的输入参数包括映射维度(dimensions)、随机游走步长(walk_length)、随机游走路径总数(num_walks)、回退参数(p)、前进参数(q)和训练线程数(workers)。其中,映射维度通常选择 32 维、64 维、128 维和 256 维等。根据映射维度可以不同程度学习到向量表征。根据运行设备算力以及实践经验给定了映射维度和其他超参数的具体值,其中映射维度 64、随机游走步长 30、随机游走路径总数 200,回退参数和前进参数均为默认参数。由于在迷路经验知识图谱中的距离相近的实体具有相似特征,比如,在构建知识图谱过程中发现,迷路经验知识图谱中存在多个不同的地名实体连接相同的时间实体、多个不同地名实体连接相同的 POI 实体和多个不同地名实体连接相同的原因实体。而这些地名在时间、POI 和原因维度上具有高度相似性。为得到不同迷路经验场景,因此使用 Node2vec 中的 DFS 游走策略挖掘同质性实体。基于上述模型参数对 Node2vec 模型进行训练,最后得到迷路经验实体节点的向量表征。图 4.3 展示了部分节点嵌入的表征向量。

	0	1	2	3	4	5	6	7	8	9	...	54	55	56	57
0	0.561 147	0.071 619	0.157 258	−0.077 621	−0.371 687	0.384 304	−0.120 519	0.334 518	−0.084 048	−0.143 132	...	−0.557 557	0.265 499	−0.120 796	0.434 911	0.04
1	0.726 509	0.008 347	0.150 253	−0.316 419	−0.089 854	0.126 791	−0.374 582	0.063 229	−0.006 370	−0.120 572	...	−0.262 272	0.087 763	−0.166 058	0.277 408	−0.26
2	0.309 424	0.045 659	0.453 259	−0.070 707	−0.672 832	0.321 791	−0.058 992	0.717 269	−0.196 816	−0.186 264	...	−0.461 948	0.238 118	−0.270 227	0.402 875	0.11
3	0.823 479	0.195 387	0.186 657	0.055 870	−0.113 185	0.009 971	−0.149 146	−0.110 609	−0.001 322	−0.052 103	...	−0.207 367	−0.263 144	0.072 309	0.429 826	−0.27
4	0.376 542	0.101 989	−0.181 618	−0.009 454	0.305 391	0.271 993	0.199 439	−0.431 377	−0.334 521	−0.282 452	...	−0.336 638	0.326 390	0.082 746	−0.118 621	−0.28

图 4.3 图嵌入生成的向量示例

图 4.4 展示了将部分节点向量使用 t 分布降维至二维向量并进行可视化的效果。每个知识图谱节点由绿色圆点表示,节点分布较为分散,比如"夏季早上"和"解放碑"等数据元素分散在各自的集群中。部分节点较为集中,比如"汉江区""咸宁市"和"福建省"等数据元素聚集在对应的集群中。迷路经验知识图谱嵌入节点向量可视化展示结果可为后续场景类别数量提供参考。

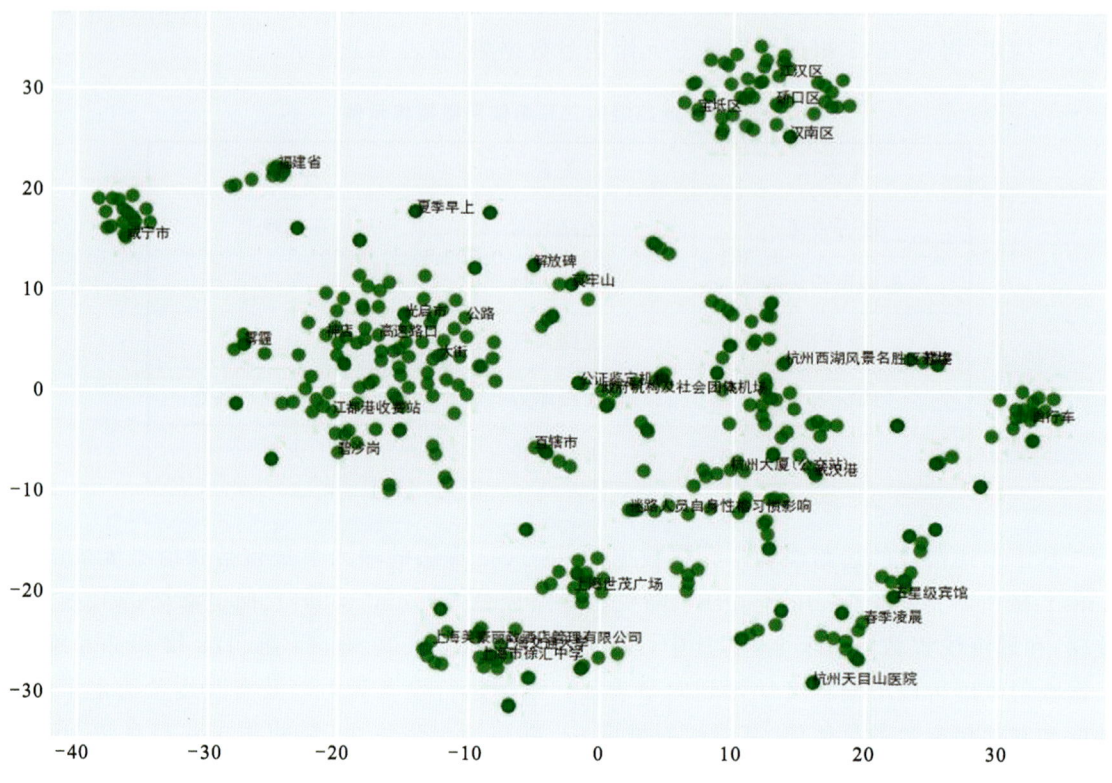

图 4.4 迷路经验知识图谱嵌入节点的向量可视化示例

注:横坐标代表 t 分布降维后生成的第一个向量特征;纵坐标代表 t 分布降维后生成的第二个向量特征。

4.2.3 基于无监督聚类的迷路经验场景分类

4.2.3.1 模型选择

聚类的主要目的是使相似的未标记的数据点划分到同一个集群中。针对迷路经验典型场景分类的任务,由于无法提前预知典型迷路场景的类别,因此属于无监督聚类范畴。

为找到合适的场景类别数量 k 和聚类方法,本章使用聚类评价指标轮廓系数评估 K-Means、层次聚类以及谱聚类,其中层次聚类方法又分 4 种,分别为 Ward-Linkage 聚类模型、Average-Linkage 聚类模型、Complete-Linkage 聚类模型和 Single-Linkage 聚类模型。最后根据轮廓系数指标总结合适的 k 值以及聚类方法。

本节介绍引入的轮廓系数,它综合反映了聚类的分散程度与紧密性。轮廓系数的取值范围在[-1,1]之间,其中,数值越趋近于 1,意味着聚类的效果越佳,反之,若数值越趋近于-1,则表明聚类的效果相对较差。具体而言,轮廓系数通过计算每个样本的轮廓系数来评估聚类的紧密度和分离度。对于每个样本 i,其轮廓系数用式(4.3)进行计算。

$$SC_{score}(i) = \frac{n(i)-m(i)}{\max\{n(i),m(i)\}} \quad (4.3)$$

其中 $n(i)$、$m(i)$ 分别表示样本 i 与同一簇其他样本的平均距离和样本 i 与最近其他簇中所有样本的平均距离。结合迷路经验知识图谱嵌入节点向量可视化结果以及任务可行性将簇数 k 值确定在 $[15,20]$ 内。采用轮廓系数对各个聚类模型的效果进行评估（6 个聚类模型与簇数 k 值），结果如表 4.2 所示。

表 4.2 聚类模型轮廓系数对比表

模型	$k=15$	$k=16$	$k=17$	$k=18$	$k=19$	$k=20$
K-Means	0.381 2	0.383 1	**0.392 8**	0.391 3	0.387 9	0.391 1
Ward-Linkage	0.356 3	0.359 9	**0.368 6**	0.364 2	0.347 5	0.353 4
Complete-Linkage	0.292 3	0.296 7	**0.299 6**	0.292 9	0.288 2	0.287 9
Single-Linkage	0.054 6	0.061 0	0.060 9	**0.063 3**	0.052 0	0.049 5
Average-Linkage	0.282 1	0.281 9	**0.297 9**	0.295 3	0.295 2	0.297 6
Spectral Clustering	0.377 5	0.384 7	**0.394 1**	0.386 9	0.389 9	0.370 6

其中 K-Means 聚类、Ward-Linkage 的层次聚类、Complete-Linkage 的层次聚类、Average-Linkage 的层次聚类和谱聚类均在 $k=17$ 的情况下轮廓系数表现最好。其中，谱聚类模型轮廓系数最高，具体为 0.394 1。而只有基于 Single-Linkage 的层次聚类在 $k=18$ 情况下轮廓系数最好达到 0.063 3，且和上述其他模型相比表现最不理想，因此在针对迷路经验场景分类任务中使用谱聚类时设定 k 值为 17。

4.2.3.2 谱聚类分类结果

在 Node2vec 模型中输入 1441 条迷路经验三元组数据后，得到 415 个图节点向量特征值。本节使用谱聚类对 415 个图节点进行聚类，其中模型输入参数 n_clusters 为 18、gamma 为 0.09，输出结果为 17 个簇群。利用谱聚类对迷路经验场景划分的结果如图 4.5 所示。

由图 4.5 可知，左侧为颜色和图形组合成的 17 种类别聚类分布图，对应 17 类迷路经验场景，右侧图例由有序序号和图形颜色代表聚类类别的场景名称组成。我们发现部分集群内部较为分散，比如绿色方块代表的第 14 类交通设施服务类，少部分数据元素与第 8 类的直辖市级行政区类的数据元素和第 13 类政府机构及社会团体类的数据元素分别相交。第 1 类深蓝色圆形代表的一般性地点类的场景有少部分数据元素与第 5 类金色圆形表示的旅游景点场景的数据元素相交叉。此外，在海蓝色右三角形所代表的第 13 类政府机构及社会团体场景类别中，数据元素主要分布在 4 块区域，其中有 3 块区域分散在绿色方块代表的第 14 类交通设施服务类数据元素的周围，另一块区域在金色圆形代表的第 5 类旅游景点类和第 14 类交通设施服务类之间。类似的情况还有第 11 类金黄色下三角表示的商业住宅服务相关场所类的数据元素分散在两块区域。其他类别大部分都较为集中，比如绿色圆形代表的第 2 类区县级行政区类、紫色下三角代表的第 4 类市级行政区类和天蓝色六边形代表的第 6 类省级行政区等。总体聚类效果较好。

表 4.3 直观展示了基于谱聚类的迷路经验场景聚类结果。

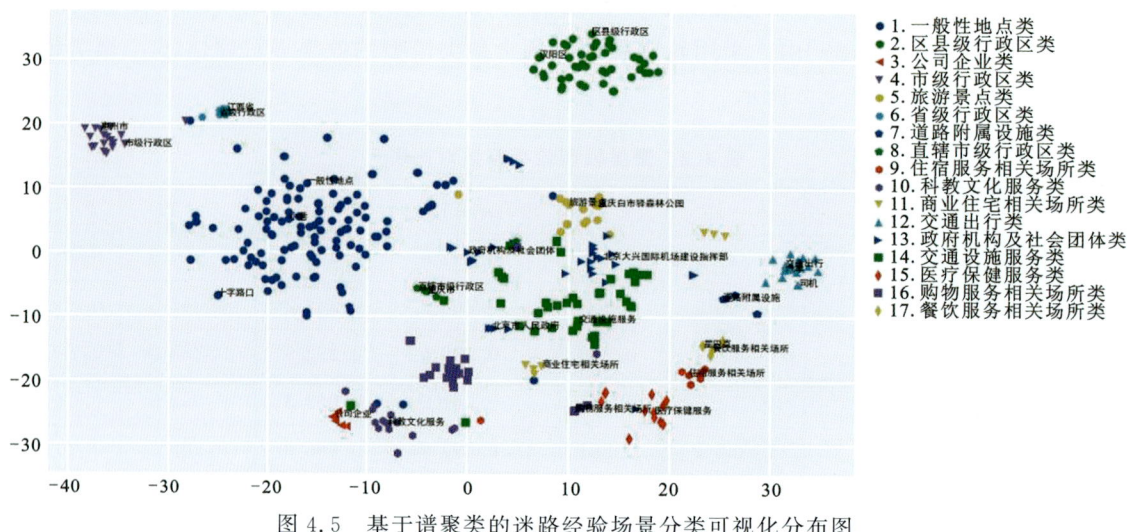

图 4.5 基于谱聚类的迷路经验场景分类可视化分布图

表 4.3 基于谱聚类的迷路经验场景分类结果

编号	场景名称	实体类型	示例实体
1	一般性地点类	地名、人物、时间、天气、原因、水文环境	胡同、小巷、森林、地下通道、山脊、冬季晚上、小孩、雾霾、沙尘暴、道路施工、路标较少、迷路人员年龄过小、植被繁茂、导航出错或失效、积水
2	区县级行政区类	地名	汉阳区、北辰区、青山区、滨海新区
3	公司企业类	地名、时间、原因	上海天然气管网有限公司、上海美豪丽致酒店管理有限公司、北仑上海、秋季中午、建筑布局复杂
4	市级行政区类	地名	兰州市、惠州市、九江市、攀枝花市
5	旅游景点类	地名、时间、原因	上海植物园、庐山国家级旅游风景名胜区、重庆白市驿森林公园、秋季深夜、迷路人员身处野外、地形复杂
6	省级行政区类	地名	广东省、青海省、湖南省、福建省、海南省
7	道路附属设施类	地名、原因	王河服务区、高速服务区、迷路人员年龄过大
8	直辖市级行政区类	地名、天气	重庆市、暴雨、多云、小雨、晴
9	住宿服务相关场所类	地名	海外滩茂悦大酒店、重庆来福士洲际酒店、上海龙之梦大酒店

续表 4.3

编号	场景名称	实体类型	示例实体
10	科教文化服务类	地名、时间、原因	上海市徐汇中学、武汉科学技术馆、上海科学技术馆、北京电影制片厂、夏季晚上、过度依赖导航
11	商业住宅相关场所类	地名、原因	上海中心大厦、上海世家、杭州大厦、建筑物密集
12	交通出行类	人物、交通工具	游客、老人、司机、儿童、女子、汽车、电动车
13	政府机构及社会团体类	地名、时间、天气、原因	北京市海淀区科学技术协会、北京大兴国际机场建设指挥部、冬季傍晚、雨、迷路人员自身性格习惯影响、对周围环境不熟悉、受天气影响
14	交通设施服务类	地名、时间、天气	重庆北站、杭州大厦(公交站)、重庆江北国际机场、北京南站、北京大兴国际机场、冬季中午、冬季下午、冬季深夜、阴天、雨雪
15	医疗保健服务类	地名、时间、原因	瑞金医院、杭州天目山医院、上海市普陀区人民医院、春季凌晨、迷路人员自身焦虑和紧张
16	购物服务相关场所类	地名、时间、原因	上海世茂广场、海国金中心商场、北京银泰中心、春季傍晚、无法使用或缺少导航
17	餐饮服务相关场所类	地名	史记记忆火锅、星巴克、咖啡厅

由表 4.3 可知,第一列为场景类别编号,是区分迷路经验场景类别的唯一标识。第二列为场景名称。由于 POI(兴趣点)对应的实体在迷路经验场景中可以被概括为一种场景位置信息,并具有一定的概括性含义,且在迷路经验场景分类结果中,大部分场景中都存在 POI 实体。因此,将场景中的 POI 实体作为场景名称。然而,也有少部分场景中并无 POI 实体。例如,编号 1 的场景中包含"小巷""胡同"等粗粒度地名,这类地名虽然没有具体的 POI 实例,但在日常生活中极为常见。因此,将它命名为"一般性地名类场景"。同样,编号 12 的场景中仅包含交通工具和人物实体,将其命名为"交通出行类场景"。此外,编号 2 的场景中包含的 POI 实体为"区县级地名",因此,将该场景命名为"区县级行政区类场景",类似的情况还包括编号 4、编号 6 和编号 8 的场景。第三列为场景实体类型,通常由地点、人物、时间、天气、水文环境、原因和交通工具等多种实体类型构成。第四列则为具体的实体实例。

4.3 实验与讨论

4.3.1 迷路经验典型场景分类评估方法

目前,无监督聚类的评价方法分为两类:①从聚类的结果的性能进行评价;②根据特定的任务场景进行主观评价。本节采用量化指标和主观评价相结合的方式进行。基于迷路经验场景名称集合进行文本相似度计算,通过两种词集的相似性反映迷路经验场景分类效果的优劣。

迷路经验场景分类评估方法的步骤如图4.6所示。从图中可以看出,具体步骤:①将聚类后的结果两两组合放入词集中;②计算每个场景名称的编辑距离并进行统计相加,可由式(4.4)表示,其中s_i表示第i类迷路经验场景名称,s_j表示第j类迷路经验场景名称;③计算聚类类别的两两组合总数,记为C_n^2,其中n为类别总数;④将统计相加的结果除以类别两两组合总数得到类别之间的相似度均值。此处基于类别数量的复杂性,引入类别数作为评估指标的惩罚项,在得到相似度均值后需要再除以类别数n可得到最后分类评估结果,由式(4.5)表示。

$$\mathrm{ED}_{\mathrm{sum}} = \sum_{1 \leqslant i < j \leqslant n} \mathrm{Edit\ Distance}(s_i, s_j) \quad (4.4)$$

$$\mathrm{DS} = \frac{\mathrm{ED}_{\mathrm{sum}}}{n \cdot C_n^2} \quad (4.5)$$

式中:$\mathrm{ED}_{\mathrm{sum}}$为遍历的每个场景名称的编辑距离总和;Edit Distance为编辑距离方法;DS为迷路经验典型场景分类评估指标。

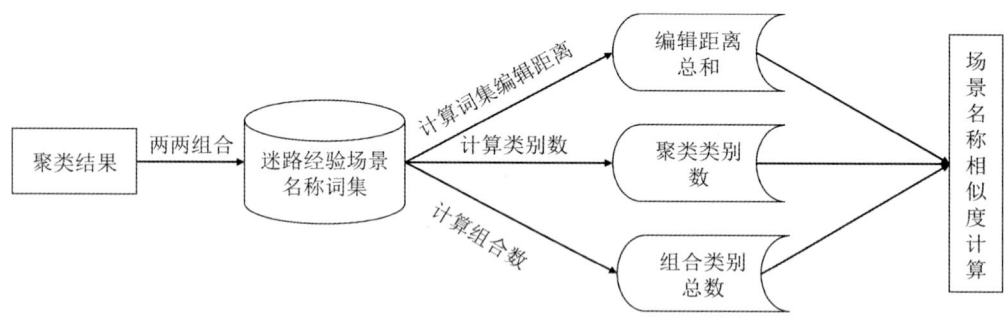

图4.6 迷路经验典型场景分类评估方法

从图4.6的迷路经验典型场景分类评估方法的步骤中可以看出,将聚类后的结果中的场景名称两两组合计算场景名称之间的相似度作为评估标准,评估值越高,表明场景之间的相似性较低,分类效果越好。反之,分类效果越差。

4.3.2 合并相似迷路经验场景

由于通过聚类之后的多个场景可能存在相似之处,故仍需进一步地合并,以优化迷路经验场景分类结果。比如"省级行政区类""市级行政区类""直辖市行政区类"和"区县级行政区类"均属于行政区类别。同样"住宿服务相关场所类""商业住宅相关场所类""购物服务相关场所类"和"餐饮服务相关场所类"根据城市商业区规划可归为商业区类别。由图 4.7 所示，由于"省级行政区类""市级行政区类""直辖市行政区类"和"区县级行政区类"各个集群之间在二维空间中的欧式距离较大，常用的聚类方法无法有效划分归为一类，而实际中这些场景具有相似语义可归为同一类场景。

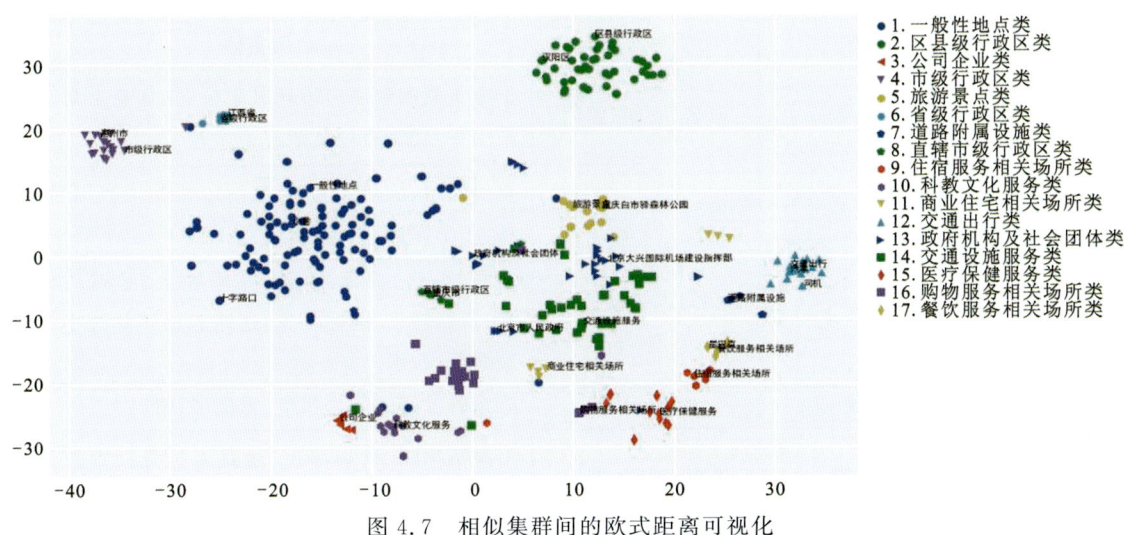

图 4.7 相似集群间的欧式距离可视化

相似场景的场景名称通常有连续相同的字符，例如"省级行政区类""市级行政区类""直辖市级行政区类"和"区县级行政区类"，它们的连续相同字符是"级行政区类"，长度为 5。我们使用一种基于最长公共子串的规则匹配方法对相似场景进行合并。为消除结尾字符"类"对结果的影响，统一对比非"类"字的字符。具体而言，对场景名称使用基于最长公共子串的算法并设定阈值，大于阈值则两个场景为相似场景并归为一类。基于最长公共子串的规则匹配方法用于合并相似场景的流程如图 4.8 所示。

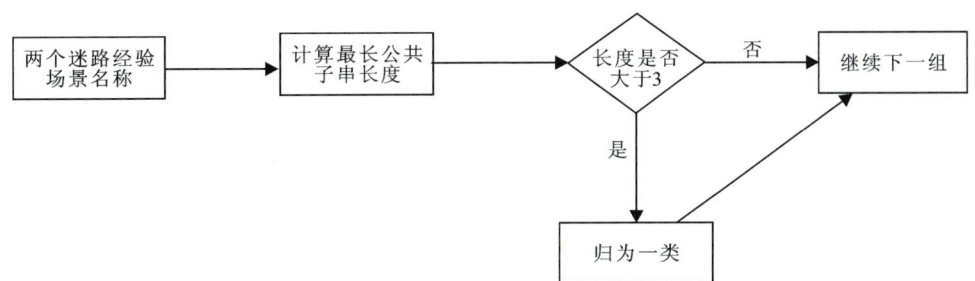

图 4.8 基于最长公共子串规则的匹配方法流程

公共子串是指在两个字符串中都存在连续字符序列，求解两个字符串的最长公共子串可用式(4.6)解决该问题。

$$DP[i,j]=\begin{cases}0 & x_i \neq y_j \\ DP[i-1,j-1]+1, & x_i = y_j\end{cases} \tag{4.6}$$

式中：x_i 表示字符串 x 的第 i 个字符；y_j 表示字符串 y 的第 j 个字符；$DP[i,j]$ 表示以 x_i 和 y_j 结尾的最长公共子串的长度。

实验利用无监督方法聚类后得到的 17 个场景名称进行两两组合作为最长公共子串算法的输入，最长公共子串长度的阈值设置为 2，最终得到 11 类典型迷路经验场景，详见表 4.4。

表 4.4 基于最长公共子串算法的相似场景合并结果

编号	场景名称	实体类型	示例实体
1	公司企业类	地名、时间、原因	上海美豪丽致酒店管理有限公司、北仑上海、秋季中午、建筑布局复杂
2	交通设施服务类	地名、时间、天气	重庆北站、杭州大厦（公交站）、北京大兴国际机场、冬季深夜、阴天、雨雪
3	一般性地点类	地名、人物、时间、天气、原因、水文环境	胡同、小巷、森林、小孩、冬季晚上、雾霾、沙尘暴、道路施工、路标较少、迷路人员年龄过小、植被繁茂、积水
4	行政区类	地名、天气	广东省、汉阳区、兰州市、重庆市、晴
5	旅游景点类	地名、时间、原因	上海植物园、秋季深夜、迷路人员身处野外、地形复杂
6	交通出行类	地名、人物、交通工具	游客、老人、司机、儿童、女子、汽车、电动车
7	商业区类	地名、原因	史记记忆火锅、春季傍晚、无法使用或缺少导航、建筑物密集
8	医疗保健服务类	地名、时间、原因	瑞金医院、上海市普陀区人民医院、春季凌晨、迷路人员自身焦虑和紧张
9	科教文化服务类	地名、时间、原因	上海市徐汇中学、武汉科学技术馆、上海科学技术馆、夏季晚上、过度依赖导航
10	政府机构及社会团体类	地名、时间、天气、原因	北京市海淀区科学技术协会、冬季傍晚、雨、迷路人员自身性格和习惯影响、对周围环境不熟悉
11	道路附属设施类	地名、原因	王河服务区、迷路人员年龄过大

由表 4.4 可知，"商业住宅相关场所类""购物服务相关场所类""餐饮服务相关场所类""住宿服务相关场所类"合并并且更名为商业区类，同样"区县级行政区类""市级行政区类""省级行政区类"和"直辖市级行政区类"合并并且更名为行政区类。

由图 4.9 可知，在公司企业类场所中，一些大型公司或企业有复杂的建筑结构和布局，包括多个楼层、楼群、出入通道等，并且企业内部的房间在外观上非常相似。导航者在这类场景中容易迷失方向，为减少迷路现象，规划者可以引入地标和强化转向指示来辅助导航者确定前进方向。

第 4 章 典型导航迷路场景的分类计算

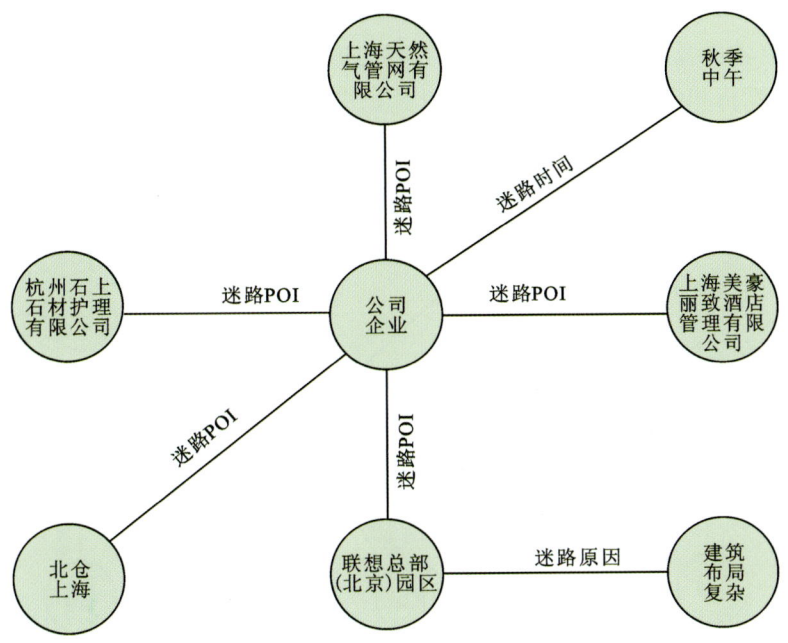

图 4.9 公司企业类示例

由图 4.10 可知,在交通设施服务类场所中,对于北京西站、新街口豁口(公交站)、武汉港、北京朝阳站(地铁站)和武汉天河国际机场等大型的建筑物交通设施场所,会存在导航者迷路情形。这些场所的规模庞大、布局复杂,以及内部结构的多样性,包括多层建筑、密集的出入口、繁复的换乘通道以及相似的内部环境,都会导致导航者难以迅速识别正确的路径。同时,在这样的交通设施服务类场所中,若出现雨雪、阴天等天气因素,则会加剧迷路情形的发生。

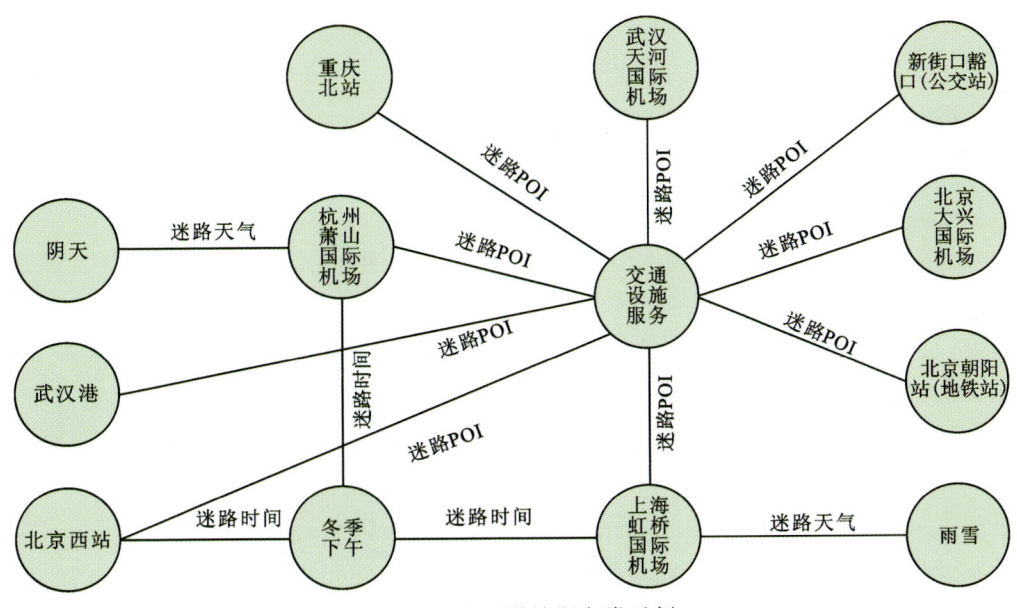

图 4.10 交通设施服务类示例

由图 4.11 可知,在一般性地点类场所中,像出口、巷子、森林和十字路口等地方在社交媒体中经常被导航者提及,而这类场景中,常常因为道路施工、路标较少、植被繁茂和导航出错或失效等原因,雾霾和沙尘暴等恶劣天气,以及积水等水文环境均容易导致迷路。

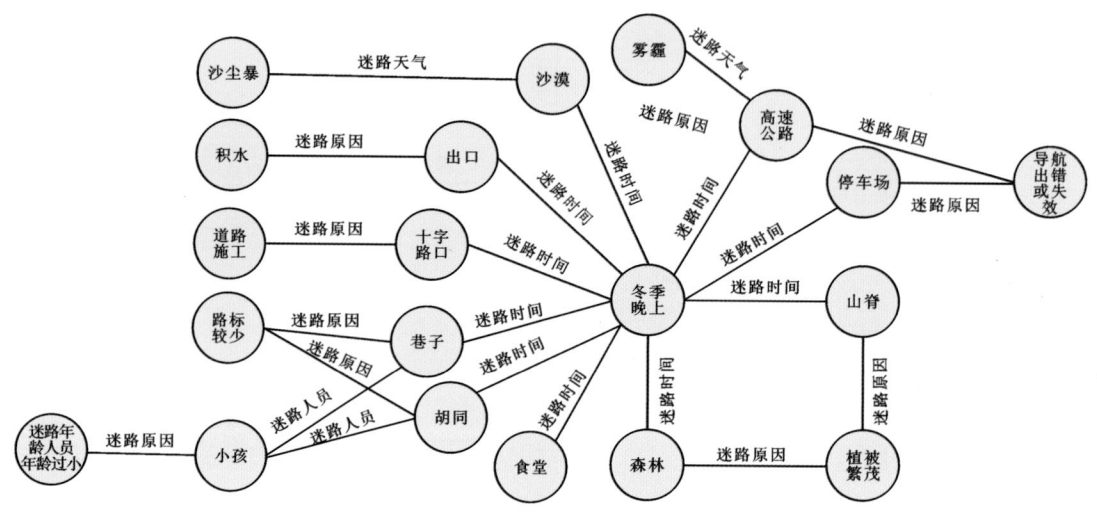

图 4.11 一般性地点类示例

(1)迷路地点实体。胡同、十字路口、停车场等都是容易迷路的地点,这些地方通常具有复杂的结构。高架公路和出口也与迷路相关,尤其是司机在不熟悉的公路或出口处,容易因错过出口或混淆方向而迷路。沙漠、树林等场所因缺乏明显的参照物,使得导航和方向感难以维持。

(2)迷路原因实体。路标较少、积水、沙尘暴、雾霾等都是造成迷路的重要原因。道路施工增加了道路的复杂性,改变了平时的路径,使人更容易迷失方向。导航出错或失效也是一个重要原因,特别是在复杂的地形或天气条件下,电子导航系统可能无法提供准确的方向指引。

(3)迷路天气和时间。雾霾、沙尘暴、冬季晚上等不利的天气和时间条件,通常会导致能见度降低,使得导航更加困难。冬季晚上特别容易迷路,因为天黑得早,光线不足,且环境更加寒冷,影响人们的判断力和方向感。

(4)迷路人物实体。儿童和熟人引导失效是与迷路人物相关的实体。儿童因为缺乏方向感和对环境的理解能力,在复杂的场景中更容易迷路。

通过识别这些关系,可以看出迷路的主要因素包括复杂的环境结构、不利的天气条件、不足的标识信息,以及技术或人的引导失效。针对这些容易迷路的情境,采取措施如增加标识、改善导航系统、提高对特殊天气条件下的驾驶和步行安全意识,可以有效减少迷路事件的发生。

由图 4.12 可知,在行政区类场所中,导航者在多个行政区中都会出现迷路情况,而重庆市地区和导航者交互产生的迷路经验实体类型较多。重庆以山城著称,地形复杂、多坡道、多隧道,加上道路错综复杂、纵横交错,即使在晴天时也很容易迷路。立体式的城市布局、频繁的高低起伏,以及路网与建筑物的相似性,使得导航和方向感难以维持,尤其是对于不熟悉路况的人来说,辨识正确方向和路径更加困难。

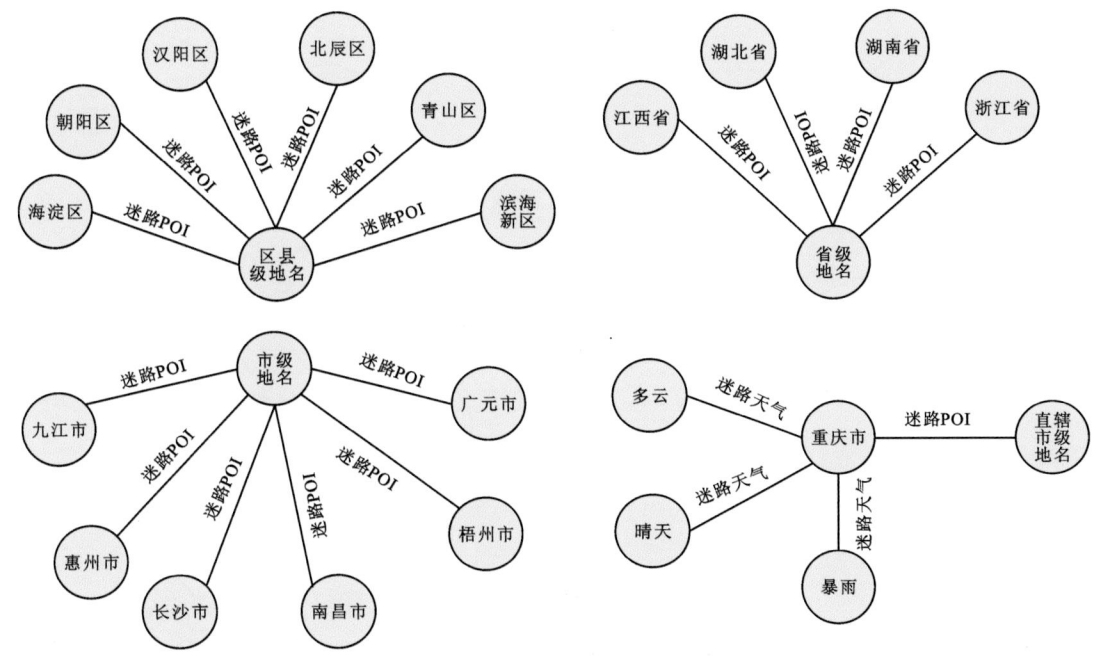

图 4.12 行政区类示例

由图 4.13 可知,在旅游景点类场所中,由于景区面积大、路径多样且标识不清,加之游客对当地地形和路线不熟悉,因而容易产生迷路行为。景点内部通常包含多个相似的景观、曲折的小道和分叉路口,尤其在密林、山谷或古镇等复杂环境中,缺乏明显的地标和导航指示使得游客更难找到正确的路线。因此,在这类场景中,建议导航者提前了解目的地的主要路径和地标,多参考沿途的指示牌和地标建筑,避免仅依赖电子导航。此外,秋冬季节、早上、晚上等这些时间,由于能见度低和环境复杂,都会影响导航者视野,模糊地标和路径,更加容易出现迷路情形。

图 4.14 中的人物实体与交通工具实体之间的关系均为出行方式。该图展示了在迷路场景下不同人群与交通方式之间的关联关系。它揭示了特定人群在迷路时更容易使用或依赖的交通工具。

(1) 老年人、儿童与公交车。在迷路情境下,老年人和儿童往往更依赖公交车。这可能是因为公交车线路固定、站点明确,并且经常有站牌和路线图可以参考,给迷路者提供一定的安全感和方向指引。此外,公交车通常由司机控制,减少了老年人和儿童因不能驾驶或对复杂道路环境感到困惑的可能性。

(2) 女子、男子与汽车。汽车是人们常用的一种交通工具,在迷路情境下,驾驶汽车的人可能会依赖导航系统来寻找正确的路线。然而,复杂的城市道路布局和交通规则可能让驾驶者在陌生环境中感到迷茫,特别是当导航系统信号不佳或地图信息不准确时。

(3) 步行者与地铁。迷路的步行者可能会选择地铁作为他们重新定位方向的手段。地铁

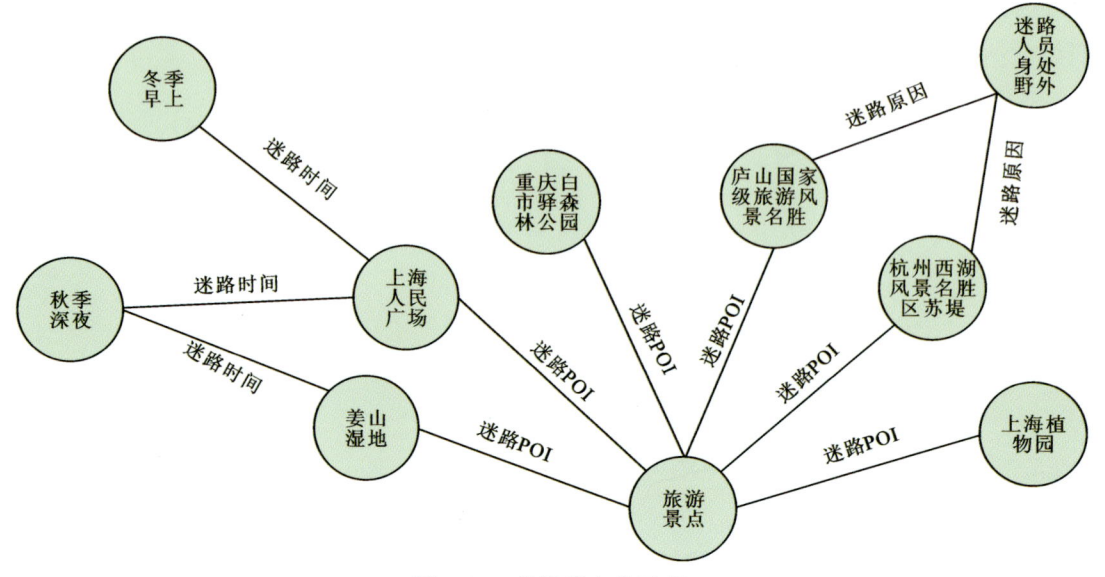

图 4.13 旅游景点类示例

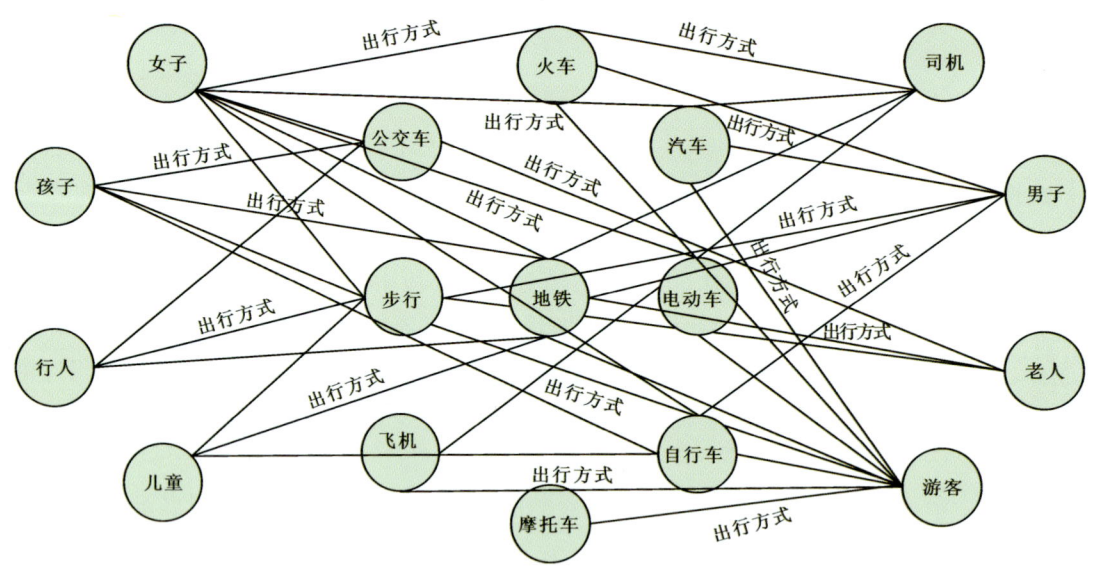

图 4.14 交通出行类示例

站通常有明确的指示牌和路线图,帮助步行者在复杂的城市环境中快速找到方向。然而,在大型地铁站或换乘站,复杂的布局和密集的出入口也可能让不熟悉路线的乘客感到困惑。

(4)摩托车、自行车与行人。自行车、摩托车与行人、老人的连接,可能暗示这些人群对于慢速交通工具的依赖或倾向。行人、摩托车和自行车的关系表明,在迷路时,这些交通工具可能让使用者更加依赖视觉地标和熟悉的路径。与汽车相比,摩托车和自行车更易在小巷和人行道中穿梭,但这也增加了迷路的风险,尤其是在无明显标识的区域。

(5)游客与飞机。游客容易在机场或飞机相关的场所迷路,尤其是在大型国际机场。机场的复杂布局、多个航站楼、不同的出入境流程,以及语言障碍,都可能让游客在不熟悉的环境中感到迷茫。

通过理解这些关系,城市规划者可以为不同人群制订更有效的导航指引措施,减少迷路的风险。

由图 4.15 可知,在商业区类场所如商场、酒店等大型建筑物中,容易迷路的原因主要包括复杂的布局和结构、多层楼和错综复杂的走廊,使人难以快速了解整体布局。相似的环境特征、功能区的多样性以及标识不明确,也加剧了迷路的风险。人流密集和拥挤、非直线的路径设计以及视觉和听觉的干扰,都可能使空间记忆变得困难,从而导致迷路。

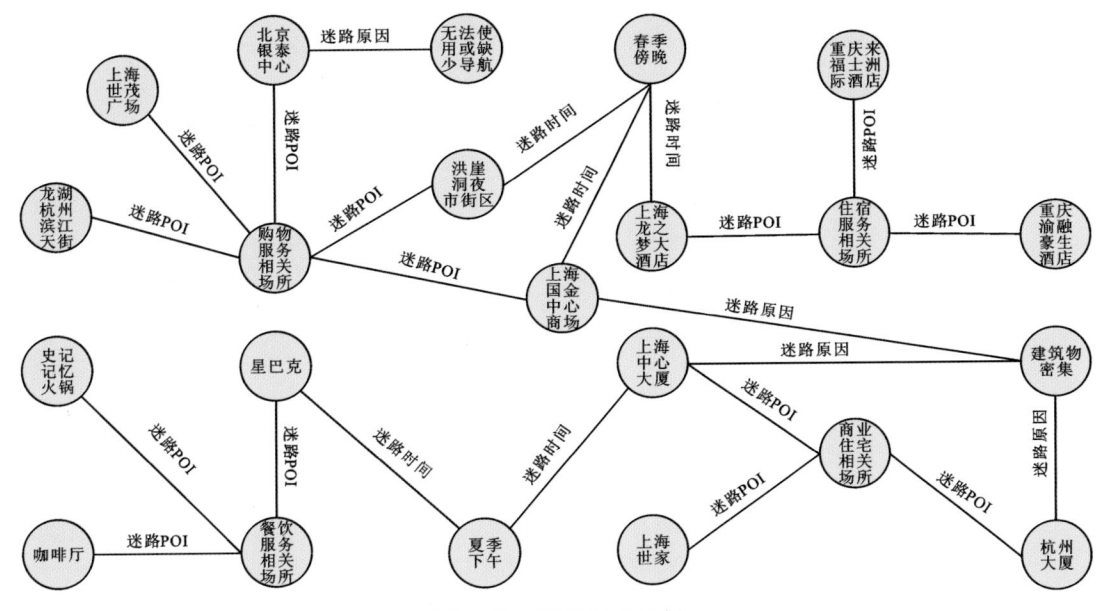

图 4.15 商业区类示例

由图 4.16 可知,在医疗保健服务类场所中,医院内的楼层房间相似性较高,人流量大,环境较压抑。导航者在医院易产生焦虑或紧张情绪而迷路。因此,医院应设定独特标志引导访客。导航者应和家属一同出行,寻路时应保持积极心态。

由图 4.17 可知,科教文化服务类场所通常包含学校、科技馆、美术馆等。场所中往往具有多个展厅、楼层和走廊,并且内部通常展示多种展品,人口流动较多。在该场景中,导航者由于过度依赖导航而迷路。因此,导航者在科教文化服务类场景中避免过度依赖导航,尽量咨询工作人员或访客,同时导航者应尽量提前规划路线以免出现迷路现象。

由图 4.18 可知,政府机构和社会团体场所中通常有具体的指示牌引导访客。而在该场景中,夜晚时导航者在该类场所中受视线干扰出现迷路情况,同时由于迷路人员自身性格习惯、对周围不熟悉和天气影响等也会容易迷路。因此,导航者在该类场所中夜间应尽量少出行,前往政府机构和社会团体单位时应提前做出路线规划以熟悉周围环境。

由图 4.19 可知,道路附属设施场所通常位于高速路段。而一些高速公路上的服务区通常有多个出入口和停车区域,导航者由于自身年龄过大或对环境感知和理解能力不够而迷路,因此,在道路附属设施场所应设置清晰的指示牌或标识,同时年龄较大的导航者应由家属

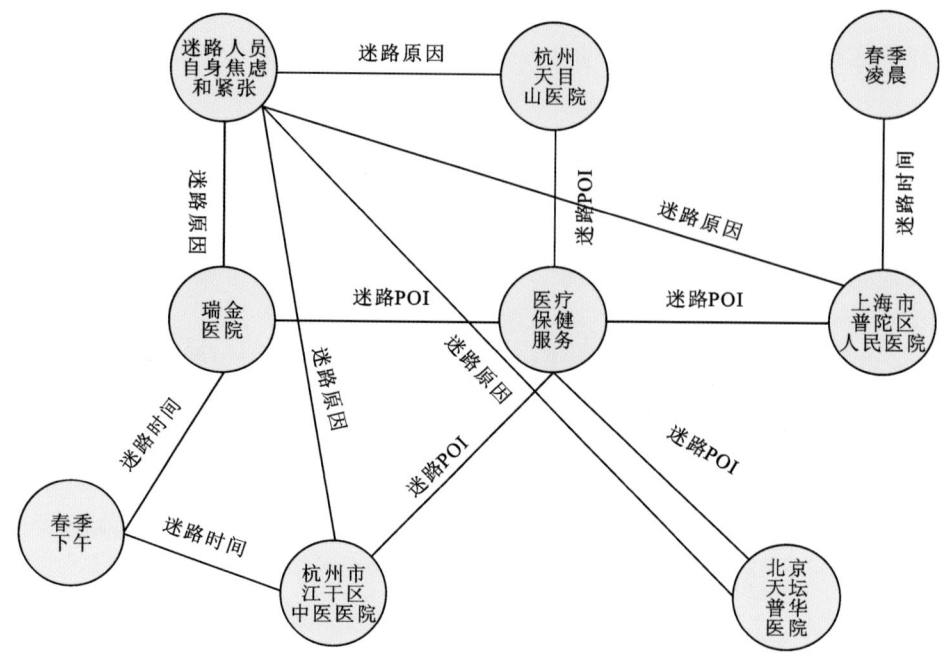

图 4.16 医疗保健服务类示例

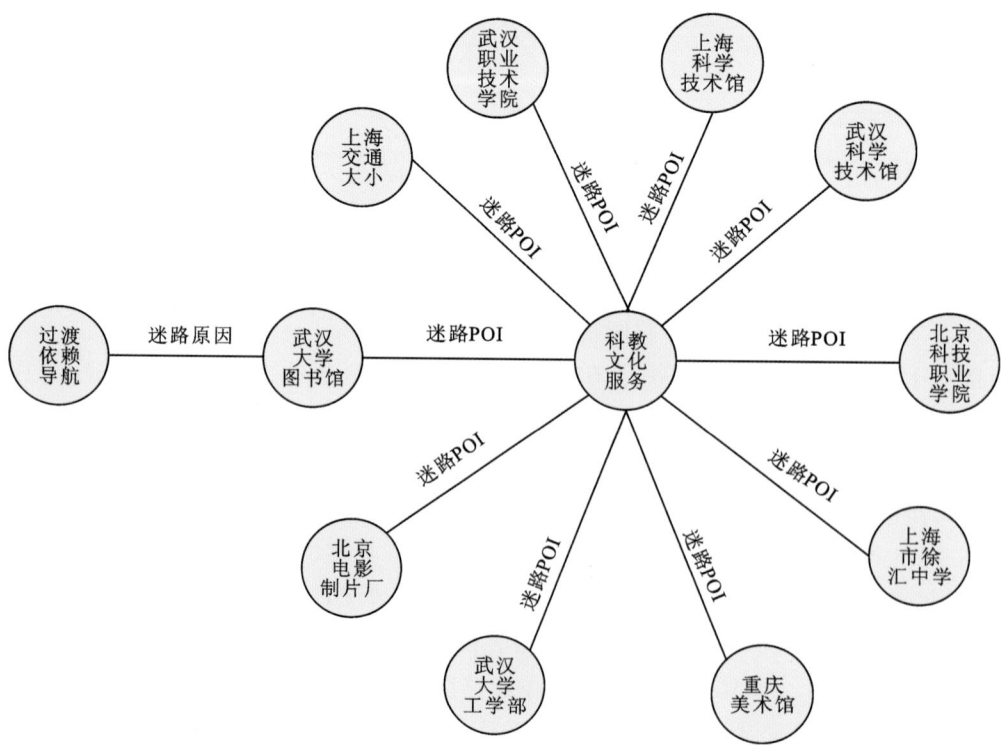

图 4.17 科教文化服务类示例

第 4 章 典型导航迷路场景的分类计算

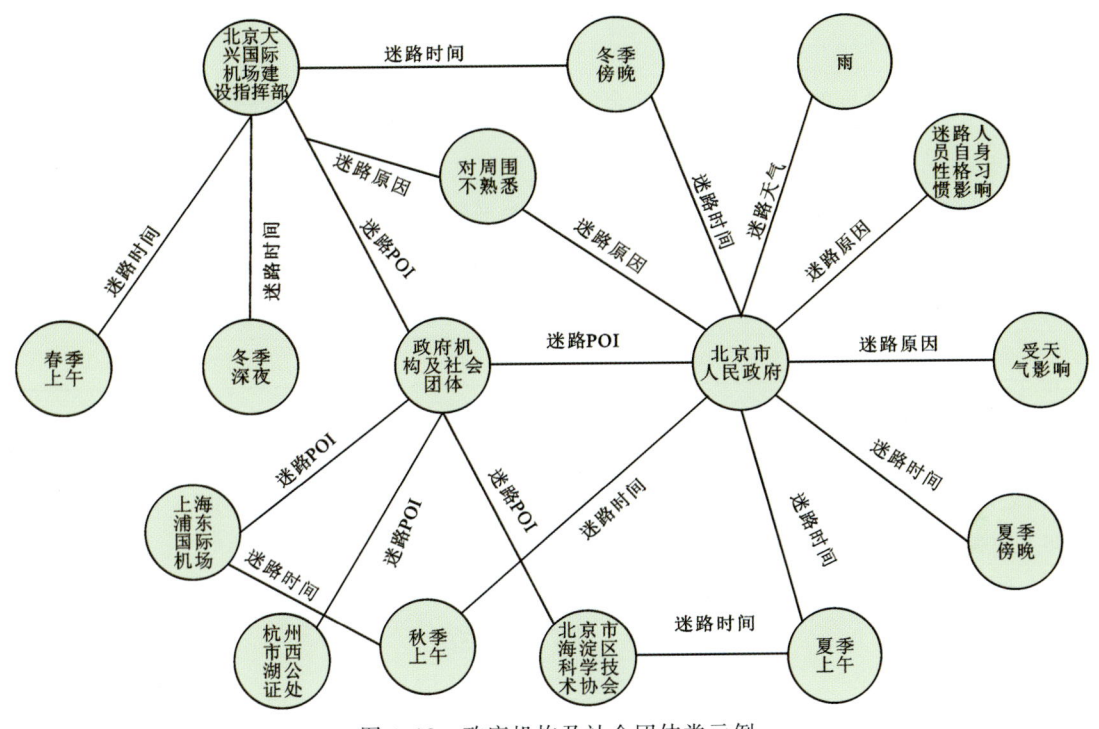

图 4.18 政府机构及社会团体类示例

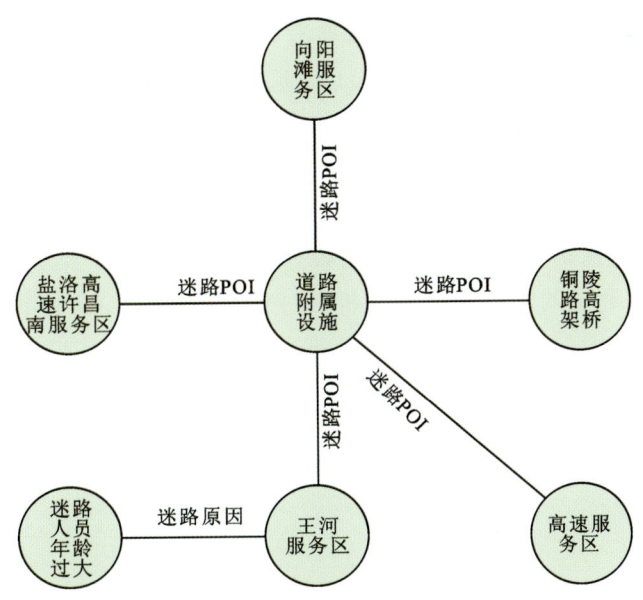

图 4.19 道路附属设施类示例

陪伴出入高速道路区域。

从各类典型场景分析结果可知,在恶劣天气、黑夜、建筑物密集、道路施工和路标较少等出行环境中,人们在寻路时受到不同程度的影响。因此,人们在日常出行过程中,应尽量结伴出行、提前规划路线、咨询当地居民或工作人员、在驾驶车辆时避免分心、注意观察标识性物体和时刻保持积极的心态寻路。此外,年龄较小或年龄较大的群体在出行时应由监护人陪同。

我们通过人工评价的方式分别做了合并相似场景前和合并相似场景后实验。如表 4.5 所示。

表 4.5 迷路经验场景类别名称相似度

策略	类别数	迷路经验典型场景分类评估
合并相似场景前	17	0.381 9
合并相似场景后	11	0.566 9

由表 4.5 可知,合并前类别数为 17 类,合并后类别数为 11 类,并且各个类别名称之间的相似性减少,迷路经验典型场景分类评估结果从 0.381 9 升至 0.566 9,表明最长公共子串的规则匹配方法能够在一定程度上优化迷路场景的分类结果。

4.4 本章小结

本章主要介绍了迷路经验场景分类任务。首先,简要描述了迷路经验典型场景的分类流程。接着,介绍了 Node2vec 图嵌入方法,用于对迷路经验知识图谱中的节点进行向量表征。随后,构建了 K-Means、谱聚类以及 4 种层次聚类方法对节点向量进行聚类。通过谱聚类方法,将容易迷路的典型场景划分为 17 类。最后,应用最长公共子串规则匹配方法将 17 类场景合并为 11 类迷路经验典型场景,从而简化了分类结果,这一过程不仅提高了分类的精确性,还使得针对不同场景的出行建议更加具体和有效。

本书首次将人们在出行过程中容易迷路的典型场景划分为 11 类。不仅为理解和研究迷路经验提供了系统性的框架,也为进一步的场景分析奠定了基础。结合知识图谱对典型迷路场景的分析,涵盖迷路相关的实体和关系分析、迷路原因及建议,具有重要的实际指导意义。它能够深入理解迷路环境的特征,优化导航系统设计,不仅可以减少迷路现象,提高用户体验,还为规划者和设计者提供了宝贵的参考,确保设计和实施的科学性与有效性。

第 5 章　导航择路经验知识的主题建模

5.1　研究背景

导航者对导航环境空间的认知学习能力一直是地图认知研究关注的焦点。从城市导航服务的发展变化等深层需求出发，导航空间认知的角度须从导航空间表观认知转向联合导航决策驱动机制理解与导航环境语义内蕴关联理解，通过增强动态时空交通环境下的空间知识获取，以适应发展及面向未来。

在导航空间认知语义建模层面，现有的导航择路研究关于实际复杂动态交通环境认知语义的表达明显不足。本章探索导航过程中的择路经验知识。现有研究存在如下问题：①导航空间局限于对由"地标点"和"路径"构成的扁平路径空间的认知，然而用户由"地标点"和"路径"访问的是更广阔的城市导航场景空间。路径空间要素与城市背景空间要素间存在强烈的语义黏合性和复杂空间关系。然而现有研究多集中于从路径空间要素（道路相关要素）探索其对导航路径选择的影响（即从路径本身的道路特征进行分析），忽视了路径所依赖的城市背景空间（兴趣点）对路径选择行为的影响。②路径是具有时空连续的道路段集合。以往研究大多都是以道路为基本单元探索择路经验（对导航择路特征因子的提取通常以道路为单位），忽略了道路的上下文和择路路序关系，因而无法有序且细致地反映择路影响因子的时空连续性特征对路径选择行为的影响。

本章中，我们将导航路径空间拓展为"路径-城市背景"二元认知空间，在此二元认知空间下对导航经验信息进行序列化表达，通过序列化的方式均匀且连续地建立导航择路相关因子与路径轨迹的关联，以探讨其中蕴含的导航择路经验知识。

5.2　研究方法

5.2.1　方法框架

本章基于"路径-城市背景"二元认知空间进行路径经验信息表征，实现面向场景的导航择路经验主题建模与分析。首先，利用出租车轨迹数据识别载客点与落客点，聚类出城市热点区域，并利用热点区域确定热点 OD 对并提取热点 OD 对所对应的轨迹；其次，提取"路径-城市背景"二元认知空间下的影响因子，其中包括道路相关因子（道路等级）以及城市背景相关因子(显著 POI 类型以及一般 POI 类型),利用特征序列有序且细致地反映出影响因子的时空连续性特征;再次,在所选取的典型场景(包括天气场景与时间场景)下,将导航择路相关因子的特征序列从轨迹路径中提取出来,利用 LDA 模型实现择路经验知识的主题化表达;最后,基于导航相关因子主题化结果进行面向场景的择路经验模式分析,分析不同场景下所抽取的主题语义以及关键词特征,以获得择路模式中具有参考价值的经验。导航择路经验的主题语义抽取框架如图 5.1 所示。

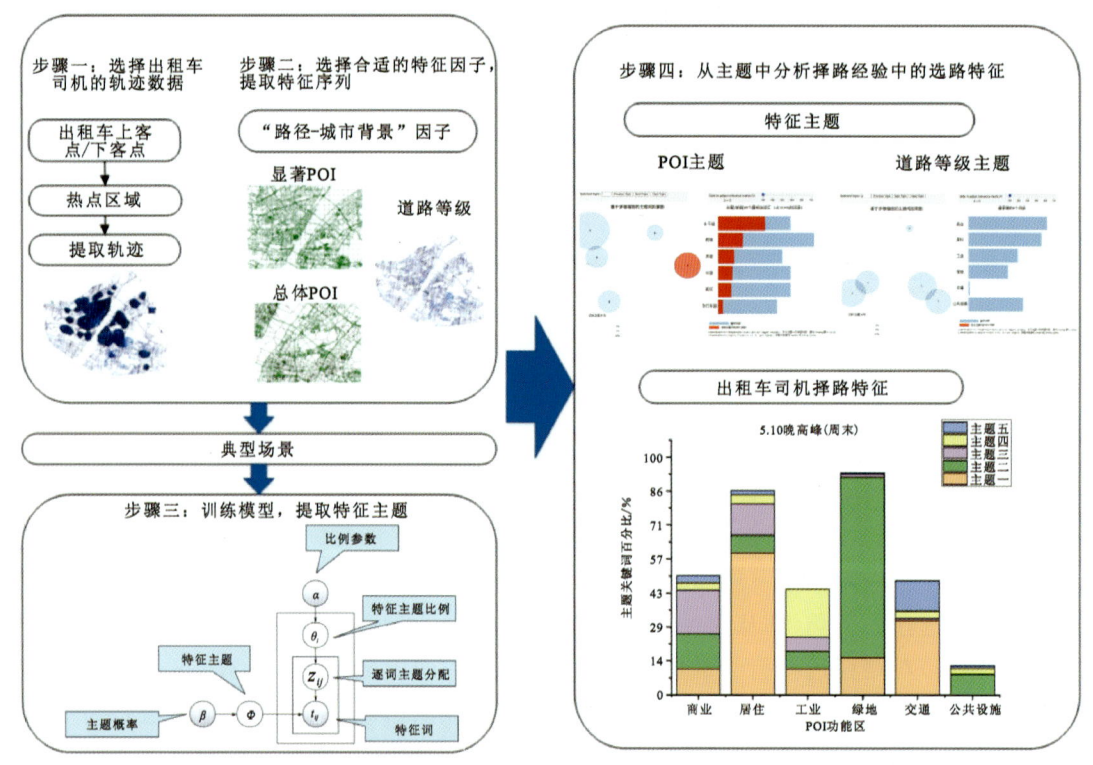

图 5.1　导航择路经验的主题语义抽取框架图

5.2.2　导航择路经验关联因子

在日常出行中,影响出租车司机择路的因子很多,本章所选取的因子包括道路相关因子以及城市背景因子两类,如表 5.1 所示。

5.2.2.1　道路相关因子

以往的研究发现,与导航择路经验相关的道路相关因子包括道路距离、道路连续性、道路等级、交通灯数量等。我们选取道路等级作为影响因子,因为道路等级作为道路基本属性对于导航择路有重要影响,以往的研究表明司机更倾向选择高等级道路,但未就不同场景下道路等级对于导航择路的影响展开详细探讨。

表 5.1 "路径-城市背景"相关因子

导航择路经验关联因子		特征因子	类别
路径-城市背景	路径	道路等级	主干道
			初级路
			次级路
			三级路
			街区
			自行车道
			小路
	城市背景	一般POI	居民区
			工业
			商业
			绿地
			医院
			公共设施
			教育
			交通设施用地
		显著POI	公共设施
			商业
			绿地
			教育
			医院
		酒店

本研究下载并使用了武汉的 OSM(Open Street Map)网络。选取的道路等级包括 7 类，按等级划分从高到低分别是主干道、初级路、次级路、三级路、街区、自行车道和小路。武汉市三环线区域内道路等级如图 5.2 所示。

5.2.2.2 城市背景相关因子

城市背景空间信息包括道路周围的空间环境与各类建筑设施等。POI 数据是反映城市背景信息的重要数据源，我们将 POI 分为一般 POI 和显著 POI 两类。一般 POI 指利用城市中所有 POI 作为城市背景，可以均匀且广泛地讨论 POI 所带来的空间影响。显著 POI 通过公众认知度、通达度以及 POI 知名度从一般 POI 中筛选得出，再通过划分 POI 的研究尺度对城市环境特征进行层级划分，丰富现有研究对于导航决策空间影响的探索粒度。

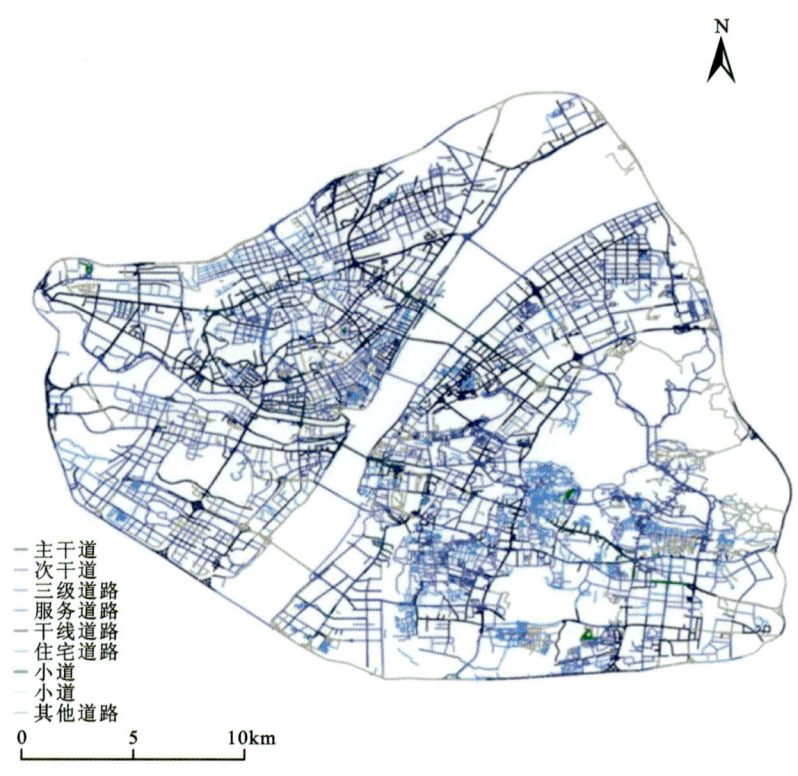

图 5.2 武汉市三环线区域内道路等级

1. 一般 POI

本章选取了共 8 类 POI,其中包括交通设施用地、居民区、教育、绿地、公共设施、商业、工业和医院 8 类共 8 万个 POI 点。采用核密度分析法进行 POI 网格化处理,构建 100m×100m 的 POI 网格。将空间上分散的数值转换成规则分布的网格数值,为变量分析提供统一的空间结构,以更加完整和充分地反映变量的空间模式。一般 POI 的网格化结果如图 5.3 所示。

2. 显著 POI

Siegel 和 White 等(2020)研究了人类空间认知的过程,指出地标知识是空间知识的基础,且其在一维和二维方向上的集成形成了人们关于环境的构造和布局的知识。地标的显著性特征使其具有明显的区域指代特征,因此相比于普通 POI,地标(显著 POI)特征更具有区域代表意义。本章通过公众认知度、通达度以及 POI 知名度识别显著 POI,识别方法如下:

(1) POI 知名度。认知心理学的研究表明,人们更倾向于识别出符合他们期望的对象,即如果一个地物具有较强的知名度,且被人们所熟知,则它更易被人们识别。利用能较好反映群体关注热度的网络搜索引擎百度,将 POI 的百度关键词搜索结果数作为衡量 POI 知名度的标准。

(2) 通达度。通达度也可理解为可达性,它作为衡量 POI 对象显著性的指标之一,是指一

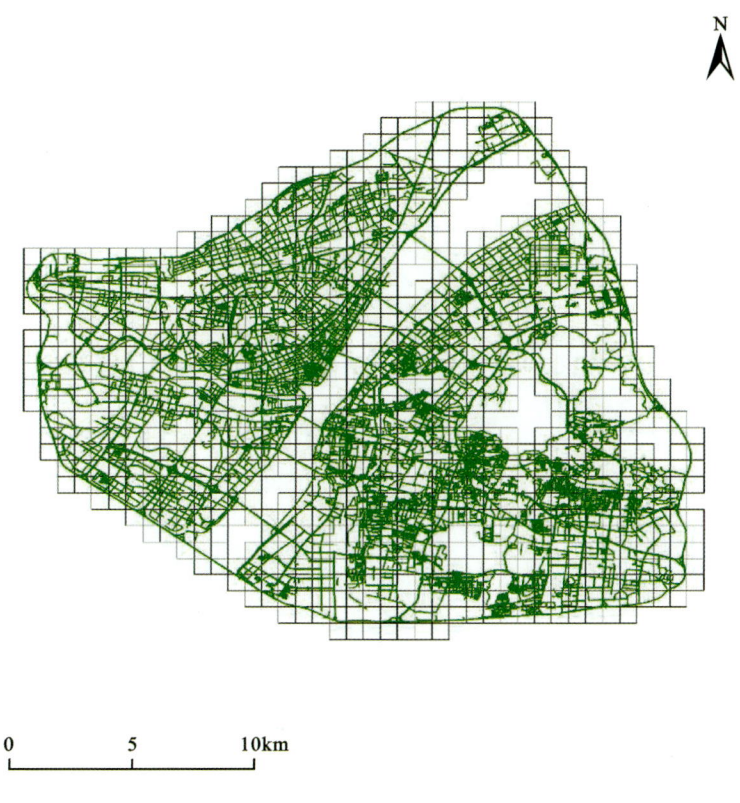

图 5.3 网格化 POI 结果

个地点到另一地点的容易程度。通过 POI 周围 50m 范围内的道路级别来衡量 POI 的通达度。若 POI 周围道路等级越高,则表示 POI 通达度越好,若 POI 周围不存在道路,则将该 POI 通达度设为 0。

(3) 公众认知度。公众认知度即大众对各类 POI 显著性的认识。尽管每个人的认知能力和认知结果不尽相同,但通过大量的调查能够发现同类人群所共同拥有的知识能够促进人们对环境的理解和交流。本研究公众认知度来源于 Chen 等(2010)对于武汉市各类 POI 的问卷调查。

式(5.1)展示了 POI 公众认知度(显著性度量模型)的计算方式。具体而言,将知名度(Cog)、通达度(Cen)、公众认知度(Char)整合起来,求得 POI 的显著性(Sig)。

$$Sig = c_1 * Cog + c_2 * Cen + c_3 * Char \tag{5.1}$$

为使分层结果明显,经过 SPSS 聚类实验,进一步把 POI 显著性度量模型公式的权值修改为:$c_1=0.5, c_2=0.2, c_3=0.3$。

为了计算并选出显著性位于前 20% 的 POI(包括购物、学校教育、公共设施、宾馆酒店、医院和绿地六大类),我们采用 Voronoi 空间剖分方法。由于显著 POI 的数量较少且分布不均匀,传统的均匀网格化方法难以准确构建其影响区域。而 Voronoi 空间划分这种方法能够使显著 POI 具备明显的区域指代特征。具体而言,我们采用欧氏距离作为度量标准,将分析区域理想化为各向同性的均质空间,从而更有效地反映显著 POI 的影响力和区域覆盖。显著 POI 构成的 Voronoi 空间剖分结果如图 5.4 所示。

图 5.4　显著 POI 构成的 Voronoi 空间剖分

5.2.3　典型场景

场景指择路行为发生的情景,是司机择路行为发生的重要背景。因此,我们细分典型场景开展导航择路关联模型的研究,细分的场景包括时间场景和天气场景两个维度。出租车出行规律受人们通勤出行活动的影响,因此划分了工作日以及周末作为不同的时间场景。以往的研究发现,高峰时段的出租车司机与平峰时段的司机相比会做出不同的绕道选择,从而避免一些容易拥堵的路段。因此选取 17:00—19:00 为高峰时间段,14:00—16:00 为平峰时间段,以两小时为时间段划分时间场景,时间场景包括工作日平峰、工作日高峰、周末平峰、周末高峰 4 种。

天气条件是路径规划的关键因素,而雨雪天气会严重降低车辆行驶速度,因此,当经验丰富的司机(包括大多数出租车司机)规划路径时,他们总是考虑天气和其他相关因素,以便在恶劣天气下找到最佳路径。选取的天气场景包括晴天与极端天气(暴雨)两种场景。表 5.2 给出了典型场景的示例。

表 5.2 典型场景示例

序号	日期	时间	天气	工作日/周末
1	2015/5/10	17:00—19:00	多云	周末
2	2015/5/12	14:00—16:00	晴天	工作日
3	2015/5/12	17:00—19:00	晴天	工作日
4	2015/5/14	17:00—19:00	暴雨(极端)	工作日

5.2.4 导航路径经验信息表征与主题建模

5.2.4.1 定义

定义1：载客轨迹 TR

轨迹数据由单个车辆的运动历史生成。装有定位装置的车辆会定期报告自己的位置和时间戳，它们共同生成车辆的轨迹数据，如式(5.2)所示：

$$TR_i = <\rho_{(i,1)}, \cdots, \rho_{(i,j)}, \cdots, \rho_{(i,N_i)}> \tag{5.2}$$

式中：TR_i 为第 i 个出租车的轨迹；N 为其报告的位置总数；ρ 为包括经度、纬度和时间戳在内的位置信息。

出租车的载客轨迹是根据一系列的旅行事件汇总而成的。在通常情况下，一个出租车司机的轨迹数据包含大量的旅行事件。将每个出租车司机每个旅行事件的轨迹数据抽取出来作为单独的轨迹，如式(5.3)所示：

$$TR_{(i,k)} = <\rho_{(i,k,1)}, \cdots, \rho_{(i,k,j)}, \cdots, \rho_{(i,k,N_{(i,k)})}> \tag{5.3}$$

式中：$TR_{(i,k)}$ 为第 i 个出租车的第 k 个旅行事件的载客轨迹。

定义2：特征序列 TRF

为了将轨迹序列转化为特征序列，首先需要将城市空间中的特征映射到空间位置上，将整个地理空间划分为网格，网格表达式(5.4)如下所示：

$$G = \bigcup_{i=1}^{m*m} g_i \tag{5.4}$$

式中：G 为整个地理空间；g_i 为第 i 个空间网格的POI属性；m 为在横轴或纵轴上网格单元的数量。

将出租车轨迹序列的位置映射到空间网格中，因此轨迹被表示成POI网格向量，轨迹被进一步重构为连续网格的集合。如式(5.5)所示：

$$TRF_{(i,k)} = <g_{(i,k,1)}, \cdots, g_{(i,k,j)}, \cdots, g_{(i,k,N_{(i,k)})}> \tag{5.5}$$

式中：$TRF_{(i,k)}$ 为第 i 个出租车的第 k 个旅行事件的特征序列；$g_{(i,k,j)}$ 为第 i 个出租车的第 k 个旅行事件的载客轨迹中经过的第 j 个网格的POI属性。

5.2.4.2 经验表征与主题建模

择路经验知识的主题化表达策略是将LDA模型中的"文档-句子-单词"概念逐一映射到

"路径特征集合-路径特征-路段特征"。其中,路段特征是指某一路段上的路径或城市背景特征,路径特征则是由多个路段特征构成的序列集合,而路径特征集合则表示在特定典型场景下的路径特征的整体集合。

基于 LDA 的导航择路经验主题模型如图 5.5 所示,参数描述见表 5.3。

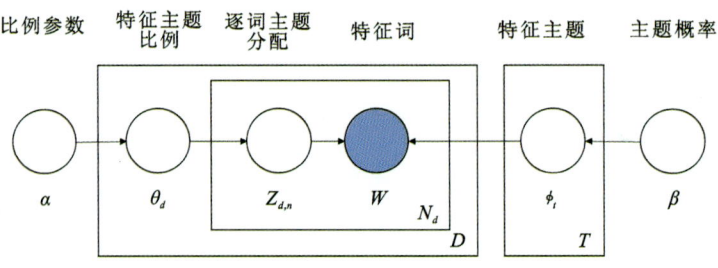

图 5.5 基于 LDA 的导航择路经验主题模型

表 5.3 基于 LDA 的导航择路经验主题模型参数描述

符号	描述
θ_d	第 d 条特征序列的多项分布
ϕ	特征词的多项分布
α	$\theta=(\theta_1,\cdots,\theta_d)$ 的 Dirichlet 先验参数
β	$\phi=(\varphi_1,\cdots,\varphi_t)$ 的 Dirichlet 先验参数
D	典型场景下的特征序列数目
N_d	第 d 条特征序列中的特征词个数
T	特征主题个数
$Z_{d,n}$	第 d 条特征序列中的第 n 个特征词所属的主题
$W_{d,n}$	第 d 条特征序列中的第 n 个特征词

(α,β) 是 θ 和 φ 的 Dirichlet 先验参数。由于它们是事先设置好的先验参数,一般设置一个较小的标量值。α 反映了轨迹数据中特征主题的密度,β 表示主题中特征词的密度。α 值越大,意味着轨迹中的主题数量越多,β 值越大,意味着每个特征主题中的特征词数越多。实验将 α 预设为 3~5,β 预设为 3~6。

根据导航择路经验主题模型,任何一个旅行事件的行驶轨迹都是轨迹主题的混合分布。在特征序列集合中,给定 Dirichlet 先验参数 α 和 β,特征序列主题模型中的所有显式和隐式变量显示为以下公式中的联合概率分布,如式(5.6)所示:

$$p(w,z,\theta,\phi\mid\alpha,\beta) = \underbrace{p(w\mid\phi,z)\cdot p(\phi\mid\beta)}_{\text{Feature sequence}} \cdot \underbrace{p(z\mid\theta)\cdot p(\theta\mid\alpha)}_{\text{Feature topic}} \quad (5.6)$$

3 种影响因子(包括道路等级、整体 POI 和显著 POI)被定义为包含导航择路经验的路径特征。道路等级被分为主干道、初级路、次级路、三级路 、街区、自行车道、小路 7 类。一般

POI 分为交通设施用地、居民区、教育、绿地、公共设施、商业、工业、医院 8 类，显著 POI 分为商业、教育、公共设施、酒店、医院、绿地 6 类。

如图 5.6 所示，不同因子对应不同的空间影响区域划分模式。图 5.6(a) 展示了基于整个旅行事件轨迹的一般 POI 序列提取示例。除了常规的 POI 之外，在城市背景因子方面，图 5.6(b) 展示了一种基于整个旅行事件轨迹的显著 POI 序列提取过程。通过将旅行轨迹依次映射到经过的显著 POI 影响区域中，从而识别出轨迹点所在区域的显著 POI 类型，最终生成基于整个旅行事件的显著 POI 序列。图 5.6(c) 则展示了基于整个旅行事件轨迹的道路等级序列提取方法，轨迹依次经过不同等级的道路产生基于整个旅行事件轨迹的道路等级序列。

基于出租车司机的载客旅行事件，在不同场景（包括周末与工作日、高峰与平峰、正常天气与暴雨）下，提取各类影响因子的特征序列。将每种场景下生成的特征序列集合定义为一个特征文档，并通过导航择路经验主题模型提取这些特征文档的主题。不同主题代表了针对某类特征的主流择路倾向或择路模式。如图 5.7 所示，通过该模型对特征序列集合的主题进行提取，选定合适的主题数量，并探讨各主题的概率分布及其对应关键词的概率分布，以分析和解释不同主题及其关键词的分布规律。

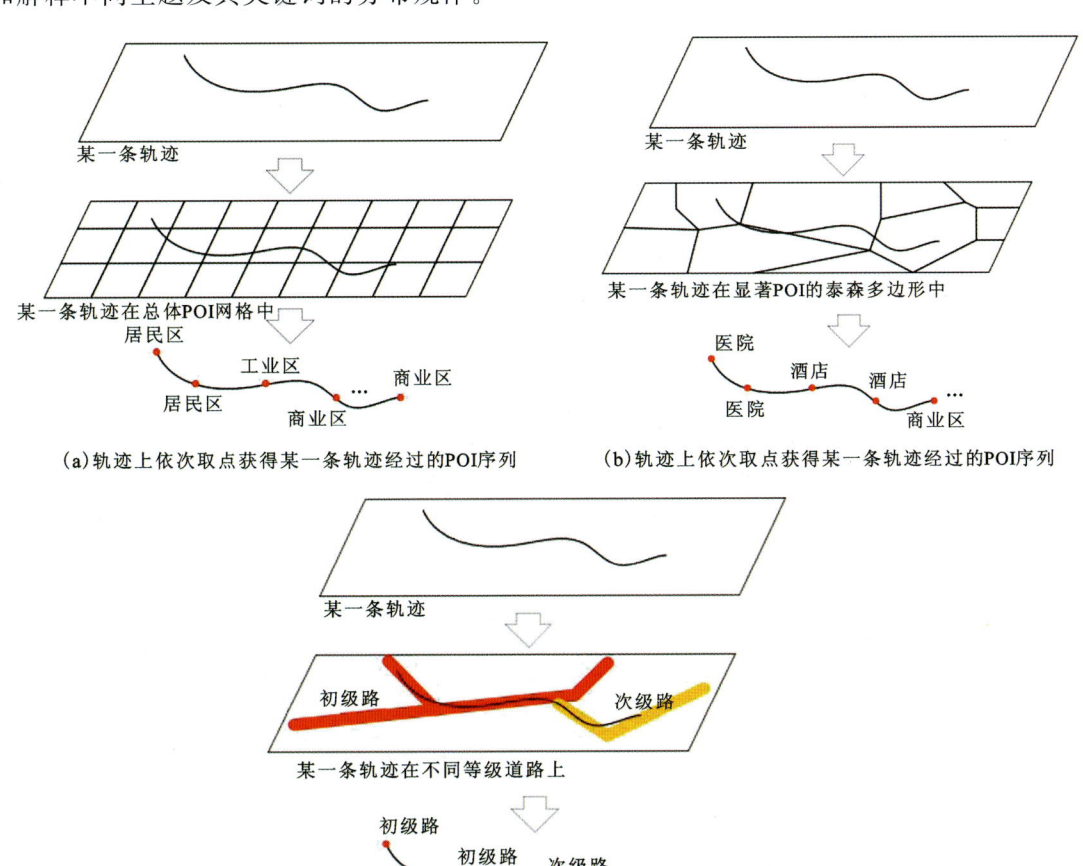

图 5.6 不同因子下的影响区域划分模式

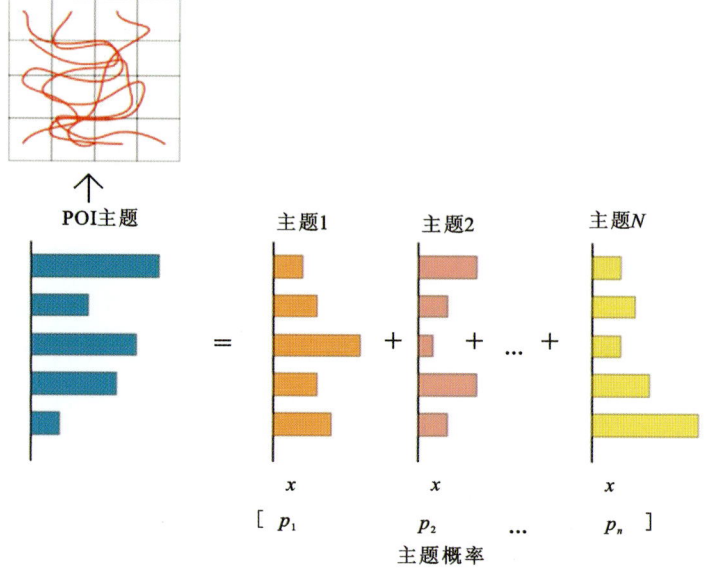

图 5.7　导航择路经验特征主题抽取

5.3　实验与讨论

5.3.1　道路相关因子

本实验选取了不同场景下道路等级的主题分布结果进行讨论，选取的道路等级包括7类，按等级划分从高到低分别是主干道、初级路、次级路、三级路、街区、自行车道、小路。并选取周末与工作日、高峰与平峰、正常天气与极端天气（暴雨）3 对典型场景进行对比。选取的主题数为5，关键词数为6，获得不同场景下道路等级的主题关键词分布如图 5.8 所示。

图 5.8 展示了5月12日工作日晚高峰（17:00—19:00）、5月14日暴雨天工作日晚高峰（17:00—19:00）、5月10日周末晚高峰（17:00—19:00）、5月12日工作日平峰（14:00—16:00）的排名前5的主题关键词分布结果。

图 5.8(a) 展示了工作日晚高峰的主题词分布。工作日晚高峰排名前6的关键词分别为主干道、初级路、次级路、三级路、街区、自行车道，其中占比最高的为初级路，占比最低的为自行车道。在5个主题中，主题一占比31%，其中主干道、初级路、次级路、三级路、街区、自行车道6个关键词所占的比例分别为49.0%、27.5%、39.2%、13.7%、5.9%、0；主题二占比29.7%，6个关键词依次所占的比例为2%、56.1%、24.5%、14.3%、30.6%、0；主题三占比23.5%，6个关键词依次所占的比例为55.8%、13.0%、27.3%、2.6%、1.3%、0；主题四占比15.4%，6个关键词依次所占的比例为0、0、27.5%、29.4%、43.1%、0；主题五占比0.4%，只存在一个关键词自行车道。

在工作日晚高峰时间段，主题一、主题二以及主题三包含了绝大部分的轨迹，占比

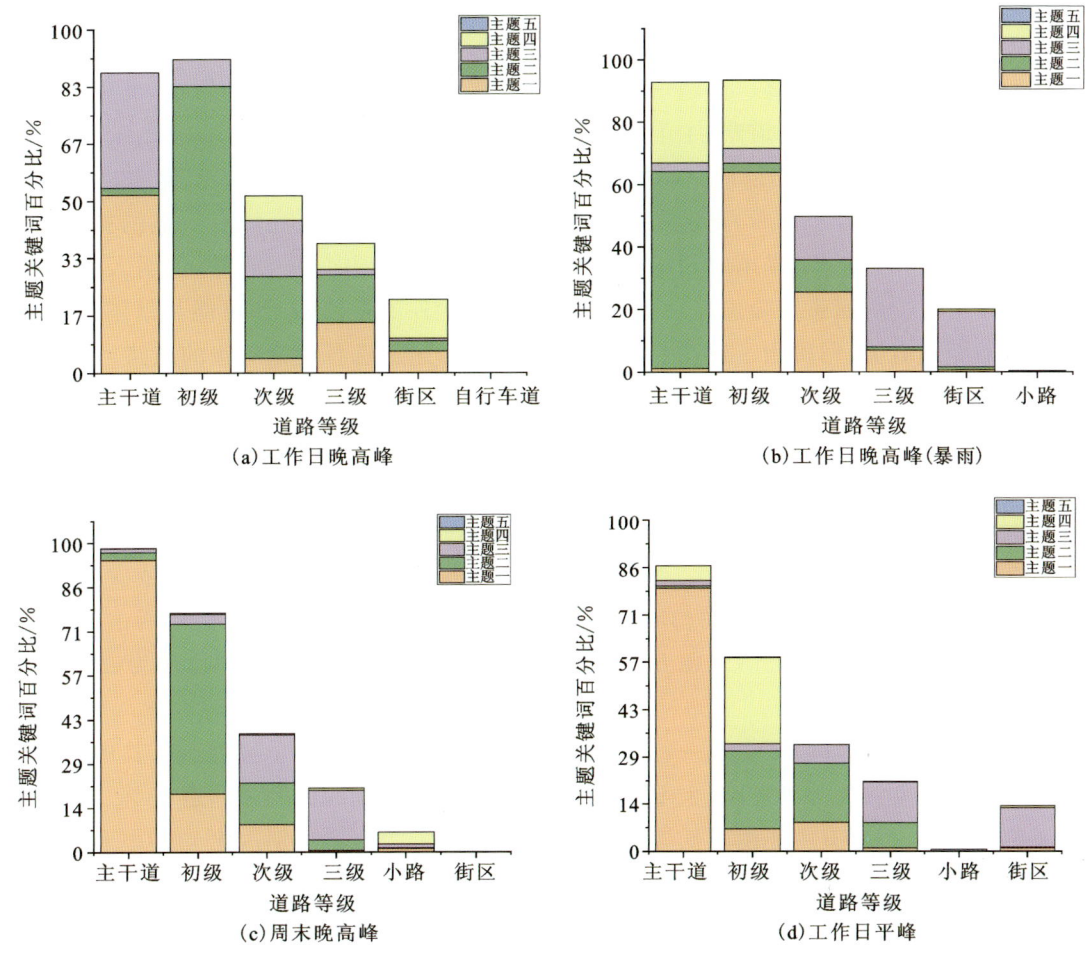

图 5.8 道路等级主题的分布结果

84.2%,同时主题一、主题二以及主题三由较高等级道路(主干道、一级路、二级路)组成的比例分别是 80.4%、55.4% 和 96.1%。这说明工作日晚高峰时期司机更加倾向于选择高等级道路,推测可能是由于高峰时期人车流量大,虽然高等级道路流量更大、拥堵风险更高,但相对于低等级道路安全性更高、人车混行风险更小。主题四、主题五关键词中低等级道路(三级路、街区、小路)所占的比例有了明显的提升,其中主题四占比最高的关键词为街区,主题五为自行车道,说明司机在少部分情况下愿意选择等级较低的道路进行尝试,可能是由于低等级道路车流量少或低等级道路通行距离更短。

图 5.8(b)展示了暴雨(极端天气)下的工作日晚高峰的主题词分布。暴雨天气下工作日的晚高峰排名前 6 的关键词分别为主干道、初级路、次级路、三级路、小路、街区,其中占比最高的是初级路,占比最低的为街区。在 5 个主题中,主题一占比 29%,其中主干道、初级路、次级路、三级路、街区、小路 6 个关键词所占的比例分别为 1.2%、65%、26%、7.1%、0.6%、0;主题二占比 25.8%,6 个关键词依次所占的比例为 80.3%、4.0%、13.2%、1.3%、1.3%、0;主题三占比 23.3%,6 个关键词依次所占的比例为 43.8%、7.2%、21.7%、39.1%、27.5%、0;主题

四占比 20.3%，6 个关键词依次所占的比例为 53%、45%、0、0、2%、0；主题五占比 2%，只存在两个关键词，即初级路和小路，分别占比 20% 和 80%。

在暴雨下的晚高峰时间段，主题一、主题二和主题四包含了 75.1% 的轨迹，其中主题一、主题二和主题四由较高等级道路（主干道、一级路、二级路）组成的比例分别是 92.3%、93.4% 和 98%。这说明高等级道路依旧是司机选择的重点；但主题三中较低等级道路占比 66.6%；同时从整体的关键词分布来看，街区所占关键词比例较普通工作日高峰有明显的提升，说明相较于普通的工作日高峰，暴雨时司机选择较低等级道路的倾向更为明显，说明人们在特殊天气相较于平时会更愿意冒险选择一些除高等级道路之外的道路，推测可能与暴雨天会引起的严重交通拥堵有关，司机为了避开大范围的交通拥堵，宁愿选择更低等级的道路。

图 5.8(c) 展示了周末晚高峰的主题词分布。工作日平峰排名前 6 的关键词分别为主干道、初级路、次级路、三级路、街区、小路，其中占比最高的是初级路，占比最低的为小路。在 5 个主题中，主题一占比 33.5%，其中主干道、初级路、次级路、三级路、小路、街区 6 个关键词所占的比例分别为 82.2%、7%、9%、1%、0、1%；主题二占比 24.3%，6 个关键词依次所占的比例为 1.3%、46.9%、35.9%、15.2%、0、0.7%；主题三占比 19.7%，6 个关键词依次所占的比例为 5%、6.7%、16.7%、36.7%、0、35%；主题四占比 19.3%，6 个关键词依次所占的比例为 14.3%、83.9%、0、0、0、17.9%；主题五占比 3.3%，6 个关键词依次所占的比例为 0、11.1%、0、22.2%、66.7%、0。

在周末的晚高峰时间段，主题一、主题二以及主题四包含了 77.1% 的轨迹，其中主题一、主题二和主题四由较高等级道路（主干道、一级路、二级路）组成的比例分别是 98%、84.1% 和 82.1%。主题三、主题五主要由较低等级道路组成，较低等级道路分别占比 71.7% 和 88.9%。周末晚高峰的高等级道路选择比例较工作日略有增长，且主题一中主干道的关键词比例达到 82.2%，原因可能是人们在周末高峰的出行选择通常都在较为繁华的地区，因此经过的道路等级会随之增高。

图 5.8(d) 展示了工作日平峰的主题词分布。工作日平峰排名前 6 的关键词分别为主干道、初级路、次级路、三级路、街区、小路，其中占比最高的是初级路，占比最低的为小路。在 5 个主题中，主题一占比 38.9%，其中主干道、初级路、次级路、三级路、街区、小路 6 个关键词所占的比例分别为 76.2%、15.2%、7.2%、0.4%、0.8%、0；主题二占比 29.6%，6 个关键词依次所占的比例为 3.4%、73.6%、18.1%、4.6%、0.3%、0；主题三占比 21.7%，6 个关键词依次所占的比例为 3.3%、8.3%、41.7%、43.3%、3.3%、0；主题四占比 8.3%，6 个关键词依次所占的比例为 1.2%、8.5%、8.5%、12.9%、68.7%、0；主题五占比 1.4%，6 个关键词依次所占的比例为 2.7%、0、2.7%、13.5%、0、81.1%。

在工作日平峰时间段，主题一、主题二包含了 68.5% 的轨迹，其中主题一、主题二由较高等级道路（主干道、一级路、二级路）组成的比例分别是 92.6%、77%。主题三、主题四和主题五包含了 31.5% 的轨迹，较低等级道路分别占比 46.3%、81.6% 和 94.6%。工作日平峰相比于工作日高峰，司机选择较低等级道路的比例明显增加，且平峰时期每个主题所包含的关键词数量较高峰时期更加丰富，说明平峰时期的司机选择道路的多样性相较于晚高峰有所提升，也更愿意选择等级较低的道路。可能是平峰时期道路的人车流量较少，因此司机的可选择道路更多，司机选择的多样性也会增加。

总体来说，工作日晚高峰时期司机更加倾向于选择高等级道路，司机在少部分情况下愿意选择等级较低的道路进行尝试。相较于普通工作日的高峰，暴雨时司机选择较低等级道路的倾向更为明显，说明人们在特殊天气相较于平时会更愿意冒险选择除高等级道路之外的道路。周末晚高峰的高等级道路选择比例较工作日略有增长，可能是与人们在周末高峰的出行选择有关。工作日平峰时期的司机相较于工作日高峰的司机选择道路的多样性有所提升，也更愿意选择等级较低的道路，推测可能是平峰时期道路的人车流量较少，因此司机的可选择道路更多。

5.3.2 城市背景相关因子——一般POI

本实验选取了8类POI，包括交通用地、居民区、教育、绿地、公共设施、商业、工业及医院，作为一般POI建立网格POI功能区。通过依次提取轨迹经过的功能区类别，构建相应的特征序列。对比了周末与工作日、高峰与平峰、正常天气与极端天气（如暴雨）3对典型场景，选取5个主题和每个主题下的6个关键词，最终获得的主题分布如图5.9所示。

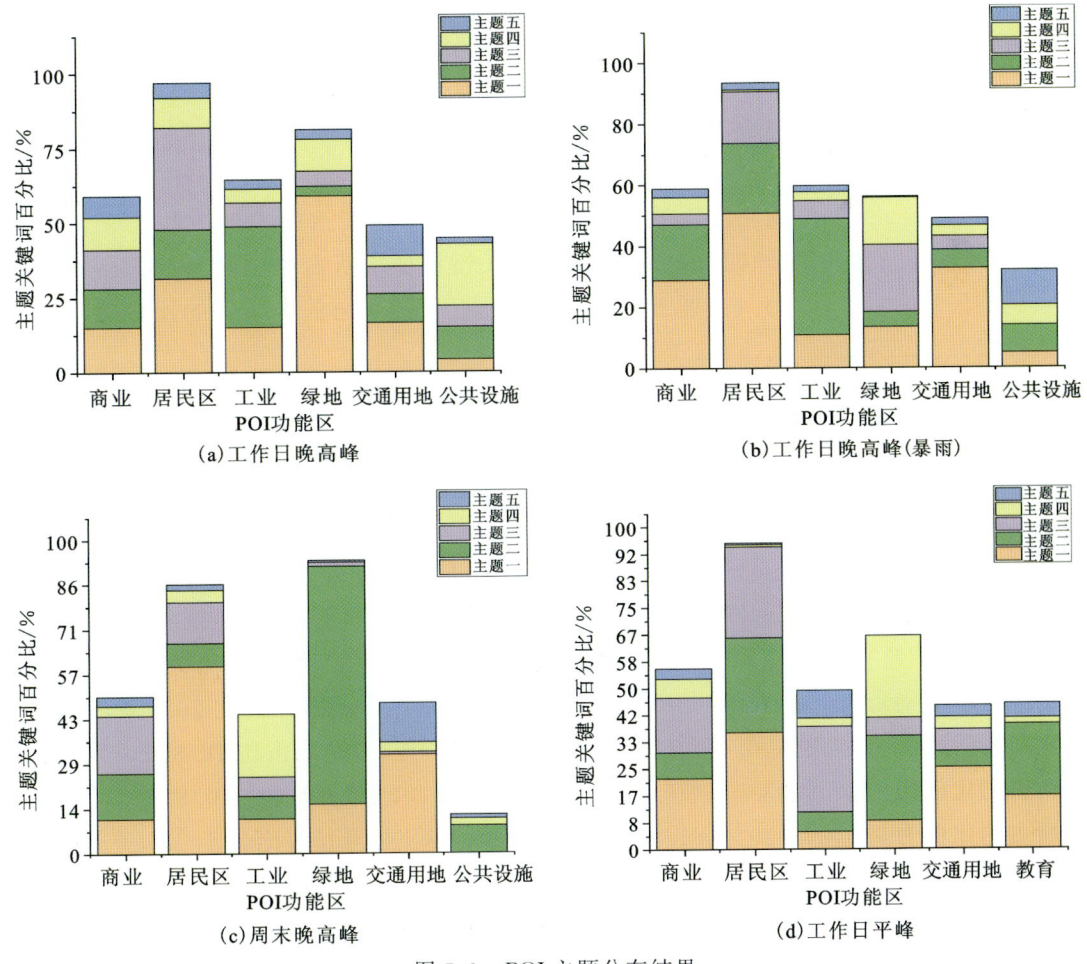

图 5.9 POI主题分布结果

图 5.9 展示了 5 月 12 日工作日晚高峰(17:00—19:00)、5 月 14 日暴雨天工作日晚高峰(17:00—19:00)、5 月 10 日周末晚高峰(17:00—19:00)、5 月 12 日工作日平峰(14:00—16:00)的排名前 5 的主题关键词分布结果。

图 5.9(a)展示了工作日晚高峰的主题词分布。工作日晚高峰排名前 6 的关键词分别为商业、居民区、工业、绿地、交通用地、公共设施,其中占比最高的为居民区,占比最低的为公共设施。在 5 个主题中,主题一占比 27.4%,其中商业、居民区、工业、绿地、交通用地、公共设施 6 个关键词所占的比例分别为 10.7%、22.3%、10.7%、41.7%、11.7%、3%;主题二占比 21.7%,6 个关键词依次所占的比例为 15%、18.75%、38.75%、3.75%、11.25%、12.5%;主题三占比 20.1%,6 个关键词依次所占的比例为 17.1%、44.7%、10.5%、6.6%、11.8%、9.2%;主题四占比 18.1%,6 个关键词依次所占的比例为 17.9%、16.4%、7.5%、17.9%、6.0%、34.3%;主题五占比 12.8%,6 个关键词依次所占的比例为 14.1%、10.2%、6.4%、6.4%、20.5%、3.8%。

所有关键词中占比最高的 3 个关键词是居民区、工业、绿地,且在主题一到主题四中,这 3 个关键词的占比都超过了 50%,说明在工作日高峰时期,轨迹活动以通勤为主。

图 5.9(b)展示了暴雨(极端天气)下的工作日晚高峰的主题词分布。暴雨的工作日晚高峰排名前 6 的关键词分别为商业、居民区、工业、绿地、交通用地、公共设施,其中占比最高的为绿地,占比最低的为公共设施。在 5 个主题中,主题一占比 30.2%,其中商业、居民区、工业、绿地、交通用地、公共设施 6 个关键词所占的比例分别为 20.5%、35.9%、7.7%、9.4%、23.1%、3.4%;主题二占比 25%,6 个关键词依次所占的比例为 18.2%、23.2%、38.4%、5.05%、6.06%、9.09%;主题三占比 18.3%,6 个关键词依次所占的比例为 6.9%、31.9%、11.1%、41.7%、8.3%、0;主题四占比 14.8%,6 个关键词依次所占的比例为 15.5%、1.7%、8.6%、44.8%、10.3%、19.0%;主题五占比 11.7%,6 个关键词依次所占的比例为 13.0%、10.9%、8.7%、2.2%、10.9%、54.3%。

暴雨的工作日晚高峰的主题关键词分布与普通工作日晚高峰相差不大,其中绿地的比例相较普通工作日高峰有所下降,商业的比例有所增加,但是居民区、工业依旧是占比最高的两个关键词,说明暴雨并未改变人们日常的通勤活动,暴雨会造成的影响较小,人们的活动主题与普通工作日的活动主题相似。

图 5.9(c)展示了周末晚高峰的主题词分布。工作日平峰排名前 6 的关键词分别为商业、居民区、工业、绿地、交通用地、公共设施,其中占比最高的为居民区,占比最低的为公共设施。在 5 个主题中,主题一占比 22%,其中商业、居民区、工业、绿地、交通用地、公共设施 6 个关键词所占的比例分别为 8.5%、46.3%、8.5%、12.2%、24.4%、0;主题二占比 20.4%,6 个关键词依次所占的比例为 12.8%、6.4%、6.4%、66.7%、0、7.7%;主题三占比 12.3%,6 个关键词依次所占的比例为 46.2%、33.0%、15.4%、3.3%、2.2%、0;主题四占比 10.8%,6 个关键词依次所占的比例为 9.5%、11.9%、61.9%、0、9.5%、7.1%;主题五占比 8.4%,6 个关键词依次所占的比例为 15.6%、9.4%、0、3.1%、65.6%、6.2%。

周末晚高峰的主题关键词以居民区、绿地、商业为主,相比于工作日高峰,工业以及公共设施的比例明显下降,可能是由于人们的通勤活动相对于工作日大幅度减少,所以造成工业类 POI 比例降低。主题三中商业的占比达到了 46.2%，相比于工作日高峰，周末晚高峰出现了以商业为主的主题，可能是由于人们的周末出行娱乐活动与商业区关联度较高。

图 5.9(d)展示了工作日平峰的主题词分布。工作日平峰排名前 6 的关键词分别为商业、居民区、工业、绿地、交通用地、教育，其中占比最高的为居民区，占比最低的为交通用地。在 5 个主题中，主题一占比 26.4%，其中商业、居民区、工业、绿地、交通用地、教育 6 个关键词所占的比例分别为 19.2%、31.7%、4.8%、7.7%、22.1%、14.4%；主题二占比 24.2%，6 个关键词依次所占的比例为 8.3%、30.2%、6.3%、27.1%、5.2%、22.9%；主题三占比 22.7%，6 个关键词依次所占的比例为 20.2%、33.7%、31.5%、6.7%、7.9%、0；主题四占比 15.7%，6 个关键词依次所占的比例为 14.5%、1.6%、6.5%、62.9%、9.7%、4.8%；主题五占比 10.9%，6 个关键词依次所占的比例为 15.6%、2.2%、42.2%、0、17.8%、22.2%。

工作日平峰的主题关键词以居民区、绿地、商业为主，首先，相比于工作日高峰，工作日平峰出现了关键词教育，且占比较高，主题二、主题五中教育的比例分别达到了 22.7%、22.2%，可能是由于工作日存在学生上学的活动轨迹，因此教育类 POI 比例明显增加；其次，相比于工作日时期，关键词工业的比例明显下降，可能是由于平峰时期基本没有通勤活动。主题一、主题二和主题三中居民区所占的比例分别达到了 31.7%、30.2% 和 33.7%，说明平峰时期人们的居民区活动较为丰富。

总体来说，工作日高峰时期的轨迹活动以通勤为主。暴雨并不会改变人们日常的通勤活动，人们的活动主题与普通工作日的活动主题相似。周末晚高峰人们的通勤活动相对于工作日大幅度减少，轨迹活动与商业区关联度增加。工作日平峰出现了关键词教育，可能是学生群体的活动轨迹，平峰时期基本没有通勤活动，居民区活动则较为丰富。

5.3.3 城市背景相关因子——显著 POI

实验选取了购物、教育、公共设施、酒店、医院和绿地 6 类 POI，以构建泰森多边形并建立 POI 功能区。通过依次提取轨迹经过的功能区类别，构建了相应的特征序列。实验对比了周末与工作日、高峰与平峰、正常天气与极端天气（如暴雨）3 对典型场景。在非工作日场景中，选取了 5 个主题和每个主题下的 5 个关键词；在工作日场景中，由于存在重复主题和重复关键词，将主题数调整为 4，关键词数调整为 3。最终的主题分布如图 5.10 所示。

图 5.10 展示了 5 月 12 日工作日晚高峰（17:00—19:00）、5 月 14 日暴雨天工作日晚高峰（17:00—19:00）、5 月 10 日周末晚高峰（17:00—19:00）、5 月 12 日工作日平峰（14:00—16:00）的排名前 5 的主题关键词分布结果。

图 5.10(a)展示了工作日晚高峰的主题词分布，结果只出现了 4 个主题以及 3 个关键词，如图 5.10 所示，工作日晚高峰排名前 3 的关键词分别为绿地、酒店、公共设施，其中占比最高的为酒店，占比最低的为绿地。在 4 个主题中，主题一占比 47%，其中绿地、酒店、公共设施 3 个关键词所占的比例分别为 12.2%、42.9%、44.9%；主题二占比 35.3%，3 个关键词依次所占的比例为 17.6%、68.9%、13.5%；主题三占比 11.4%，3 个关键词依次所占的比例为 45.8%、12.5%、41.7%；主题四占比 6%，3 个关键词依次所占的比例为 50%、50%、0。工作日晚高峰主题数量少，主题关键词仅出现绿地、酒店、公共设施 3 类，酒店、教育、医院 3 类晚

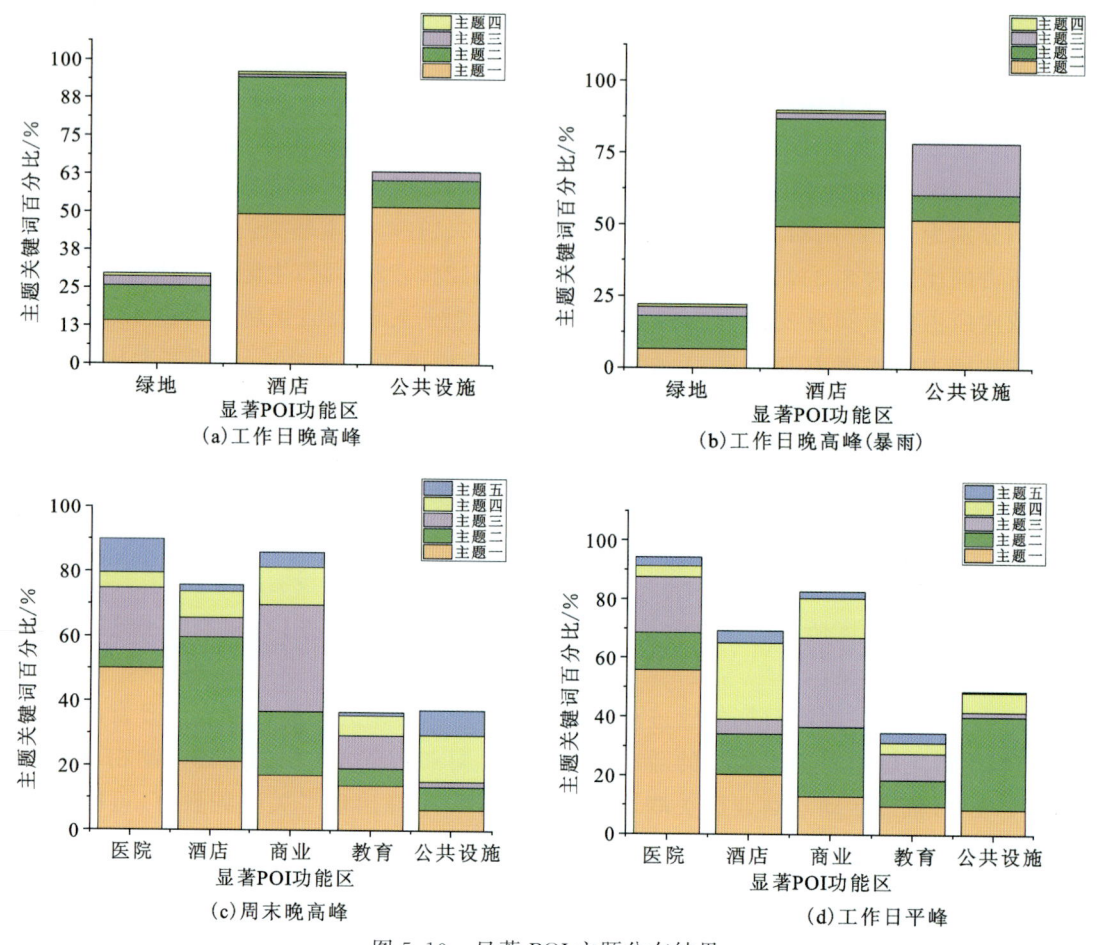

图 5.10 显著 POI 主题分布结果

高峰时期流量较大的显著 POI 并未出现在主题中,推测是由于这 3 类显著 POI 在高峰时期交通车流量较大,因此出租车司机会尽量避开此类 POI 以防交通拥堵。

图 5.10(b)展示了工作日晚高峰的主题词分布。结果只出现了 4 个主题以及 3 个关键词,如图 5.10 所示,工作日晚高峰排名前 3 的关键词分别为绿地、酒店、公共设施,其中占比最高的为酒店,占比最低的为绿地。在 4 个主题中,主题一占比 43%,其中绿地、酒店、公共设施 3 个关键词所占的比例分别为 6.1%、45.8%、48%;主题二占比 41.2%,3 个关键词依次所占的比例为 19.8%、64.9%、15.3%;主题三占比 10.1%,3 个关键词依次所占的比例为 13.8%、9.1%、77.3%;主题四占比 5.7%,3 个关键词依次所占的比例为 40%、60%、0。暴雨的工作日晚高峰的主题关键词也仅出现绿地、酒店、公共设施,与普通工作日情况相同。说明司机对于工作日高峰的路线选择在一定程度上具有一致性,不受天气影响。

图 5.10(c)展示了周末晚高峰的主题词分布。周末晚高峰排名前 5 的关键词分别为医院、酒店、商业、教育、公共设施,其中占比最高的为医院,占比最低的为教育。在 5 个主题中,主题一占比 26.6%,其中医院、酒店、商业、教育、公共设施 5 个关键词所占的比例分别为 46.1%、19.6%、15.7%、12.7%、5.9%;主题二占比 22.3%,5 个关键词依次所占的比例为

7%、50.6%、25.9%、7.1%、9.4%；主题三占比21.2%，5个关键词依次所占的比例为27.7%、8.4%、47%、14.5%、2.4%；主题四占比17.1%，5个关键词依次所占的比例为10.6%、18.2%、25.8%、13.6%、31.8%；主题五占比12.8%，5个关键词依次所占的比例为40%、8%、18%、4%、30%。周末晚高峰的主题关键词占比最高的是医院和商业，与工作日相比，出现了酒店、教育、医院3类流量较大的显著POI，说明与工作日晚高峰相比，周末晚高峰人们的活动更加丰富，且多集中于高流量的POI附近，因此司机的活动轨迹也与高流量的POI关联度较大。

图5.10(d)展示了工作日平峰的主题词分布。工作日平峰排名前5的关键词分别为医院、酒店、商业、教育、公共设施，其中占比最高的为医院，占比最低的为教育。在5个主题中，主题一占比26.8%，其中医院、酒店、商业、教育、公共设施5个关键词所占的比例分别为52%、19%、12%、9%、8%；主题二占比24.6%，5个关键词依次所占的比例为14.1%、15.2%、26.1%、9.8%、34.8%；主题三占比20.6%，5个关键词依次所占的比例为29.1%、7.6%、46.8%、13.9%、2.5%；主题四占比18.6%，5个关键词依次所占的比例为6.9%、48.6%、25%、6.9%、12.5%；主题五占比9.3%，5个关键词依次所占的比例为22.9%、31.4%、17.1%、25.7%、2.9%。工作日平峰的主题关键词占比最高的是医院和商业，与工作日晚高峰相比，出现了酒店、教育、医院3类流量较大的显著POI，与周末晚高峰的轨迹活动相似，说明与工作日高峰相比，司机的选择路线不会刻意避开高流量POI，研究推测原因可能是平峰时期医院和商业区等显著POI附近流量相较高峰时期更少，不易造成拥堵。

总体而言，无论是在普通工作日还是在暴雨工作日高峰期间，由于酒店、教育和医院3类显著POI在高峰时段的车流量较大，出租车司机通常会尽量避开这些区域以避免交通拥堵，这可能导致了工作日场景中主题数量和主题关键词数量的减少。与工作日晚高峰相比，周末晚高峰时段人们的活动更加丰富，且多集中在高流量的POI附近，因此司机的行驶轨迹与商业区、医院等高流量POI的关联度更大。相比于工作日高峰期，平峰时段的路线选择则不太会刻意避开这些高流量POI，原因可能是平峰期间医院和商业区等显著POI附近的流量较少，不易引发拥堵。

5.4 本章小结

本章针对现有研究忽略了场景类型的多样性和城市背景语义的问题，提出基于轨迹数据的城市导航择路经验挖掘方法。研究创新点有以下两个方面：①考虑了路径所依赖的城市背景空间（兴趣点）对路径选择行为的影响，结合了"路径自身特征-城市背景环境"二元特征与"时间、天气"等多维时空环境场景，使导航择路经验的研究探索维度更加丰富，粒度更加细致；②对于导航择路经验因子以序列的形式进行抽取，考虑了道路的上下文和择路路序关系。有序且细致地反映出择路影响因子的时空连续性特征对路径选择行为的影响。对于典型场景下的择路因子的关联性以主题的模式进行表达，实现了导航择路经验的主题化。

第 6 章 面向场景的择路经验关联模型

6.1 研究背景

为了系统研究导航者在多因子的复杂空间背景下的择路行为,本章主要探讨择路经验关联模型的构建,面临如下两个关键问题:①如何量化司机的择路经验信息,以便构建择路经验关联模型?该问题旨在探讨如何将司机在选择路径时积累的经验信息转化为可量化的指标,从而构建有效的择路经验关联模型。②司机择路经验中的多元信息维度(如时间、天气、路径距离等)如何影响导航者的决策,如何构建多维度的定量化评价指标使得现有研究对于经验信息的评价更加合理且全面。

因此,本章在"路径-城市背景"二元认知空间下量化司机经验信息、选择导航择路关联因子以及构建择路经验关联模型。

(1)针对导航经验信息这个抽象的概念,量化司机所选路径包含的经验信息,提出对于经验信息定量化评价的代理指标。

(2)司机择路经验包含的信息维度非常多元(包括时间、天气、路径距离等时空信息),本章关注在多维度的信息背景下,司机的择路经验如何影响其决策过程,并探讨如何构建能够全面评估这些经验信息的定量化指标体系。

具体而言,本章选取道路因子、城市背景因子、典型场景等对于出租车择路模式具有较强影响的导航择路经验关联因子,提出以路段为单位的基于全局与基于特定 OD 约束的路段经验信息计算方法,量化各因子在不同时间与天气条件下对经验强度的时空动态影响,为路径经验定量化计算提供了方法。

6.2 研究方法

6.2.1 方法框架

图 6.1 展示了择路经验关联模型的框架。首先,提出关于道路经验强度的概念,分别以道路流量、长距离旅行下的道路流量、道路通行时间为依据建立经验强度指标,以路段为单位,提出基于全局以及特定 OD 约束下的路段经验信息量化计算方法,构建经验强度指标 TEI、OEI、OLEI 以及 OTEI。其次,在"路径-城市背景"二元认知空间下选取对于出租车司机的择路产生影响的导航择路经验关联因子,其中包括城市背景相关变量(POI 知名度、POI

显著度、POI 大类)、道路相关变量(道路流量、交通流速度、道路等级)和典型场景变量(天气变量、时间变量),量化各因子在不同条件下对道路经验强度的时空动态影响。最后,构建择路经验关联模型,利用 LightGBM 以及 XGBoost 回归模型定量分析导航择路经验因子与不同经验强度评价指标的相关性,分析不同导航择路相关因子在不同维度下与择路的相关程度大小,评估所构建的择路经验关联模型对于道路经验强度指标预测的可靠性,为研究司机择路经验信息提供定量化评价方法。

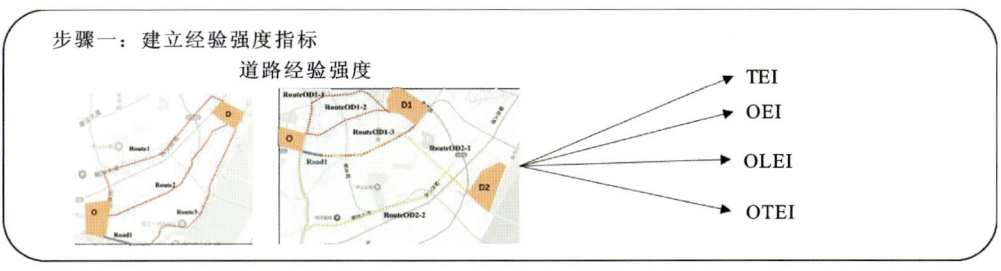

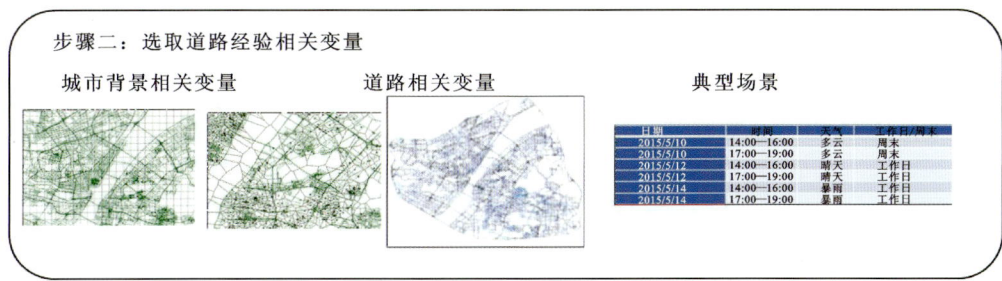

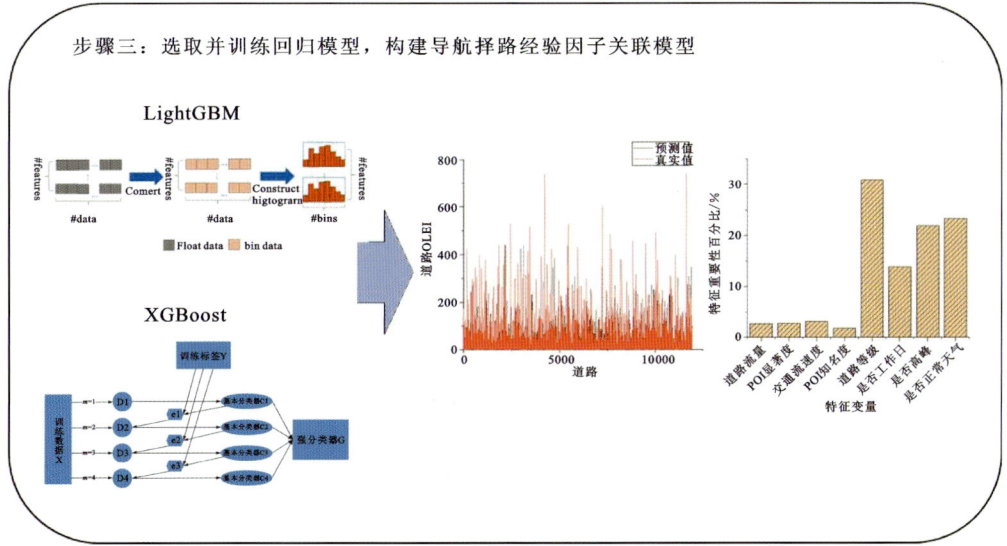

图 6.1 择路经验关联模型框架

6.2.2 导航择路经验因子

6.2.2.1 道路因子与城市背景因子

道路因子指在导航择路经验因子中与道路自身特征有关的影响因子。除道路等级外，在构建择路经验关联模型时，对于依赖解释变量，我们还选择了道路流量以及交通流速度作为道路相关因子。道路流量指路段在固定时间段内通过的车流量大小。交通流速度指在固定时间段内车辆在路段上的平均通行速度。如图6.2所示，(a)和(b)分别展示了2015年5月12日晚高峰(17:00—19:00)两个小时内研究区内道路的流量以及交通的流速度。

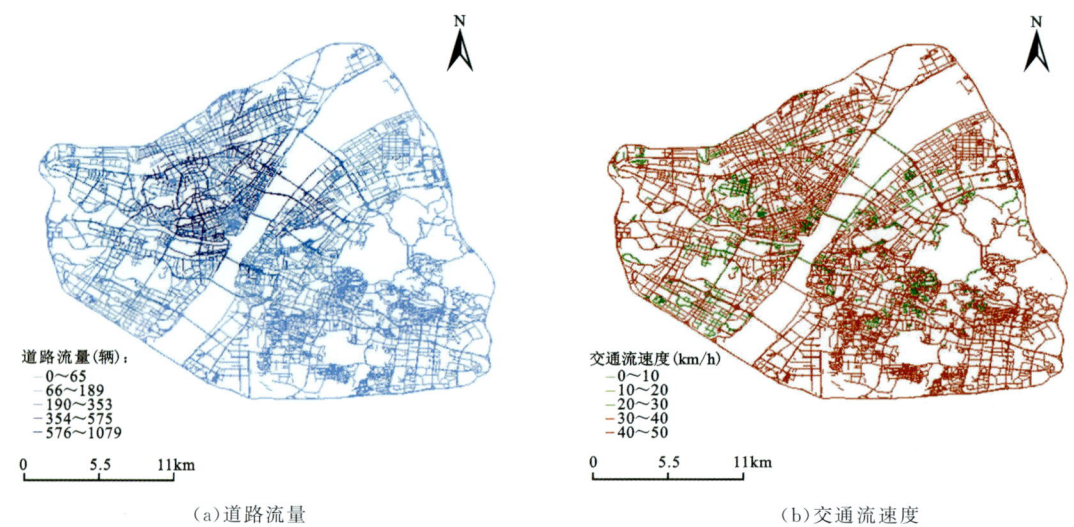

(a)道路流量　　　　　　　　　　(b)交通流速度

图6.2　研究区内的道路流量以及交通流速度

城市背景因子表征道路空间的背景城市环境。城市背景空间的划分依据为Voronoi空间部分所构建的显著POI影响区域。城市背景因子包括POI知名度和POI显著度。

6.2.2.2 典型场景

典型场景的选择包括天气场景与时间场景，如表6.1所示。时间场景包括高峰与非高峰场景、工作日与非工作日场景；天气场景包括正常天气场景与非正常天气场景(极端天气)。

表6.1　典型场景示例

日期	时间	天气	工作日/周末
2015/5/10	17:00—19:00	多云	周末
2015/5/12	14:00—16:00	晴天	工作日
2015/5/12	17:00—19:00	晴天	工作日
2015/5/14	17:00—19:00	暴雨	工作日

典型场景因子包括是否工作日、是否高峰以及是否正常天气 3 种情形,以"是否工作日"为例,若轨迹为"工作日轨迹",则"是否工作日"属性为"1",否则为"0",其他典型场景亦以真假值来表示,如表 6.2 所示。

表 6.2 场景描述

大类	场景名	场景描述
典型场景	是否工作日	工作日值为"1"
		否则为"0"
	是否高峰	高峰值为"1"
		否则为"0"
	是否正常天气	正常天气值为"1"
		否则为"0"

6.2.3 择路经验信息的定量评价指标

6.2.3.1 道路经验强度

经验,在哲学上指人们在同客观事物直接接触的过程中通过感觉器官获得的关于客观事物的现象和外部联系的认识。在日常生活中,经验亦指对感性经验所进行的概括总结,或指直接接触客观事物的过程。经验值则通常用数值来表示等级或者能力。

导航择路经验,这里指对人们在通行行为中选择道路行为的经验知识。在以往的研究中,对于导航择路经验的分析通常是定性地评价与总结,如司机偏爱道路等级更高的道路或周围环境更好的道路,鲜有研究对司机的择路经验进行定量的分析。司机的择路经验来源于司机选择道路的行为。本章基于出租车司机的择路行为提出量化的经验指标来反映道路所蕴含的经验值,包括全局经验强度、局部流量经验强度、局部距离经验强度和局部时间经验强度。

6.2.3.2 全局经验强度

全局经验强度,指当路段被选择的次数积累到一定的数量,则意味着该路段上蕴含更丰富的择路概率,进而司机有更强烈的择路经验。我们将司机对于某个路段的择路经验的强弱,定义为该道路的全局经验强度。

在现实生活中,司机选择道路的行为与通行行为的起点、终点相关,当对于司机旅行的起始点(O)与终点(D)进行约束后,司机会根据自己的经验选择基于 OD 约束下的路径。如图 6.3 所示是基于某一对 OD 约束下的路径覆盖区域图。在固定 OD 下,司机选择依据的偏好不同,可能是通行时间更短或路径距离短等。这里提出的全局经验强度是在 OD 约束下的择路经验量化评价指标。我们将司机对于某个路段的择路经验的强弱,定义为该道路在该 OD 对约束下的道路经验强度。

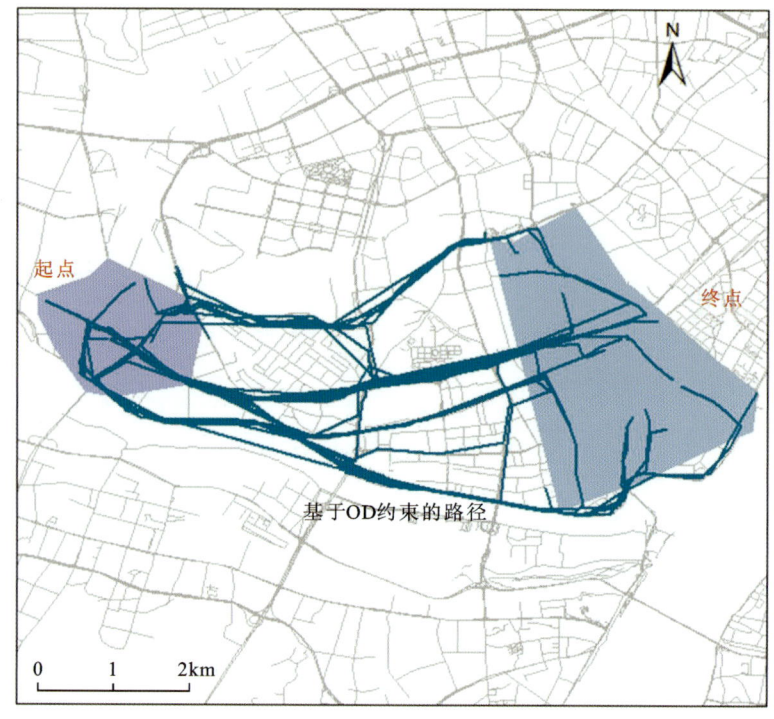

图 6.3 基于某一对 OD 约束下的路径覆盖区域图

在一对 OD 的约束下,假设有 x 条轨迹选择了道路段Road_1,该 OD 对下总的路径条数为 Route_{OD},则道路段Road_1的全局经验强度为 Total Experience Intensity$_{\text{Road}_1}$(TEI),如式(6.1)所示。

$$\text{TEI}_{\text{Road}_1} = \frac{x}{\text{Route}_{OD}} \tag{6.1}$$

实验选取 500m 作为道路段单位,来源于 650 对 OD 的 10 808 条出租车轨迹。研究选取的变量包括道路相关变量(道路等级、交通流速度)、城市背景变量(POI 显著度、POI 知名度、POI 大类)、典型场景变量(其中包括是否工作日、是否高峰、是否正常天气),变量具体描述见表 6.3。

表 6.3 相关变量描述

变量类型	变量名	变量描述
道路相关变量	道路等级	主干道值为"6",初级路值为"5",二级路值为"4",三级路值为"3",街区道路值为"2",其他道路值为"1"
	道路流量	路段出租车流量
	交通流速度	平均出租车轨迹流速

续表 6.3

变量类型	变量名	变量描述
城市背景变量	POI 显著度	POI 显著度计算公式
	POI 知名度	POI 百度搜索结果数
	POI 大类	医院值为"6",教育值为"5",商业值为"4",酒店值为"3",公共设施值为"2",绿地值为"1"
典型场景变量	是否工作日	工作日值为"1",否则为"0"
	是否高峰	高峰值为"1",否则为"0"
	是否正常天气	正常天气值为"1",否则为"0"

6.2.3.3 局部流量经验强度

道路段在所有 OD 对中的局部流量经验强度为 Overall Experience Intensity(OEI),即 $Road_1$ 的 OEI 计算如式(6.2)所示。

$$\text{OEI}_{\text{Road}_1} = \sum_{i=1}^{N} \frac{x_i}{\text{Route}_{\text{OD}_i}} \tag{6.2}$$

式中:假设共有 N 对 OD 对,x_i 表示 OD_i 间有 x_i 条轨迹选择了道路段 $Road_1$,$Route_{OD_i}$ 则表示 OD_i 间的总轨迹数。

如图 6.4 所示,图 6.4(a)显示了一对 OD 间共有 3 条轨迹路径 $Route_1$、$Route_2$、$Route_3$。其中经过道路段 $Road_1$ 的轨迹数为 1 条,则在此 OD 对间道路段 $Road_1$ 的 Experience Intensity(EI)为 $\frac{1}{3}$。图 6.4(b)显示了多对 OD 间的轨迹,OD_1 间共有 3 条轨迹路径,包括 $Route_{OD_{1-1}}$、$Route_{OD_{1-2}}$、$Route_{OD_{1-3}}$,其中经过道路段 $Road_1$ 的轨迹数为 1,为 $Route_{OD_{1-3}}$。OD_2 间共有两条轨迹,

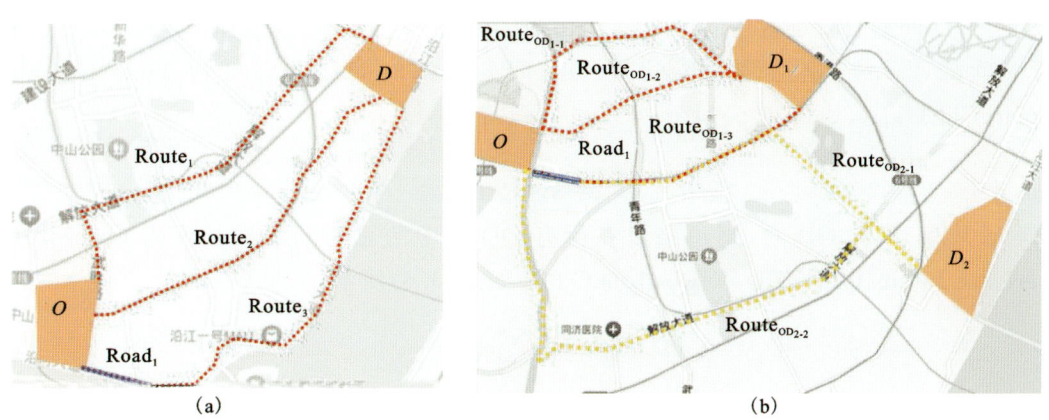

图 6.4 局部流量经验强度示意图

包括 $\text{Route}_{OD_{2-1}}$、$\text{Route}_{OD_{2-2}}$。其中经过道路段 Road_1 的轨迹数为 1，为 $\text{Route}_{OD_{2-1}}$。则在这多对 OD 对间道路段 Road_1 的 Experience Intensity 为 $\frac{5}{6}$。

6.2.3.4 局部距离经验强度

现有研究中有一些关于旅行距离分类。一部分针对城市居民出行距离的调查中主观地将出行距离划分为不同的距离段。另一部分研究出于对出行模式划分的目的，仅对出行距离（短距离和长距离）进行定性分类，但是距离已成为司机行为模式探讨所要考虑的必要因素。因此，可以选择距离阈值作为长距离旅行与短距离旅行的分类阈值，探讨不同距离旅行下的路径经验强度。

以长距离旅行为例，假设一对 OD 对为 OD_1，OD_1 间的长距离总轨迹数为 Long Route_{OD_1}，假设一条位于 OD_1 间的有轨迹通过的道路段为 Road_1，OD_1 间有 x 条长距离轨迹选择了道路段 Road_1，则道路段 Road_1 在 OD_1 间的长距离经验强度为 Long-distance Travel Experience Intensity(LDTEI)$_{\text{Road}_1}$：

$$\text{LDTEI}_{\text{Road}_1} = \frac{x}{\text{Long Route}_{OD_1}} \tag{6.3}$$

以此类推，假设共有 N 对 OD 对，假设道路段在所有 OD 对中的总长距离经验强度为 Overall Long-Distance Travel Experience Intensity(OLEI)，则 Road_1 的 OLEI 为：

$$\text{OLEI}_{\text{Road}_1} = \sum_{i=1}^{N} \frac{x_i}{\text{Long Route}_{OD_i}} \tag{6.4}$$

6.2.3.5 局部时间经验强度

出行时间是影响司机择路的重要通行指标，现有很多研究表明司机会将出行时间作为考虑因素之一，因此本章定义并探讨顾及时间维度的道路的经验强度指标——局部时间经验强度。

假设一对 OD 对为 OD_1，OD_1 间的总轨迹数为 Route_{OD_1}，平均轨迹通行时间为 T_{OD_1}。假设一条位于 OD_1 间的有轨迹通过的道路段为 Road_1，OD_1 间有 x 条轨迹选择了道路 Road_1 且轨迹通行时间低于 T_{OD_1}，则道路段 Road_1 在 OD_1 间的局部时间经验强度为 Time Experience Intensity(TEI)$_{\text{Road}_1}$，如式(6.5)所示。

$$\text{TEI}_{\text{Road}_1} = \frac{x}{\text{Route}_{OD_1}} \tag{6.5}$$

假设共有 N 对 OD 对，则道路段在所有 OD 对中的总时间经验强度为 Overall Time Experience Intensity(OTEI)，则 Road_1 的 OTEI 如式(6.6)所示。

$$\text{OTEI}_{\text{Road}_1} = \sum_{i=1}^{N} \frac{x_i}{\text{Route}_{OD_i}} \tag{6.6}$$

6.3 实验与讨论

6.3.1 全局经验强度的影响分析

本节选取 XGBoost 回归模型构建 TEI 经验模型。表 6.4 展示了模型评估结果。实验选取了武汉市 39 793 条路段作为研究对象,其中训练集包括 27 855 条道路段,测试集包括 11 938 条道路段,交叉训练集包括 15 917 条道路段。精度评定指标选用 MSE(均方误差)、RMSE(均方根误差)、MAE(平均绝对误差)、R^2(确定系数),如式(6.7)~式(6.10)所示。

$$\text{MSE} = \frac{1}{n} \sum_{i=1}^{n} (\hat{y}_i - y_i)^2 \tag{6.7}$$

$$\text{RMSE} = \sqrt{\frac{1}{n} \sum_{i=1}^{n} (\hat{y}_i - y_i)^2} \tag{6.8}$$

$$\text{MAE} = \frac{1}{n} \sum_{i=1}^{n} |\hat{y}_i - y_i| \tag{6.9}$$

$$R^2 = 1 - \frac{\sum_{i=0}^{n} (y_i - \hat{y}_i)^2}{\sum_{i=0}^{n} (y_i - \overline{y})^2} \tag{6.10}$$

式中:MSE 为均方误差,代表预测值与实际值之差平方的期望值;RMSE 为均方根误差,为 MSE 的平方根;MAE 为平均绝对误差,代表绝对误差的平均值;R^2 为回归平方和占总平方和的比,R^2 越接近 1,数据拟合的程度越好;n 为数据个数;$\hat{y}_i$ 为预测值;y_i 为真实值;$\overline{y}$ 为样本平均值。

由表 6.4 可知,训练集与测试集的 R^2 值分别为 0.874 和 0.687,数据拟合程度较好,MAE 在 100 左右,RMSE 为 100~200。图 6.5 展示了测试集的预测结果与真实值的比较,图 6.6 是 TEI 模型误差值与真实值比较。

表 6.4 TEI 经验模型精度评定

	RMSE	MAE	MAPE	R^2
训练集	142.011	73.78	87.212	0.874
交叉验证集	240.157	112.193	104.299	0.641
测试集	231.457	110.377	117.311	0.687

TEI 模型特征重要性如图 6.7 所示,道路相关变量中道路等级特征重要性占比最高,为 17.4%,说明道路等级高低对全局流量经验强度具有较显著影响。交通流速度特征重要性占比 13.3%,说明总体路段通行频率与交通流速度有较显著关联。

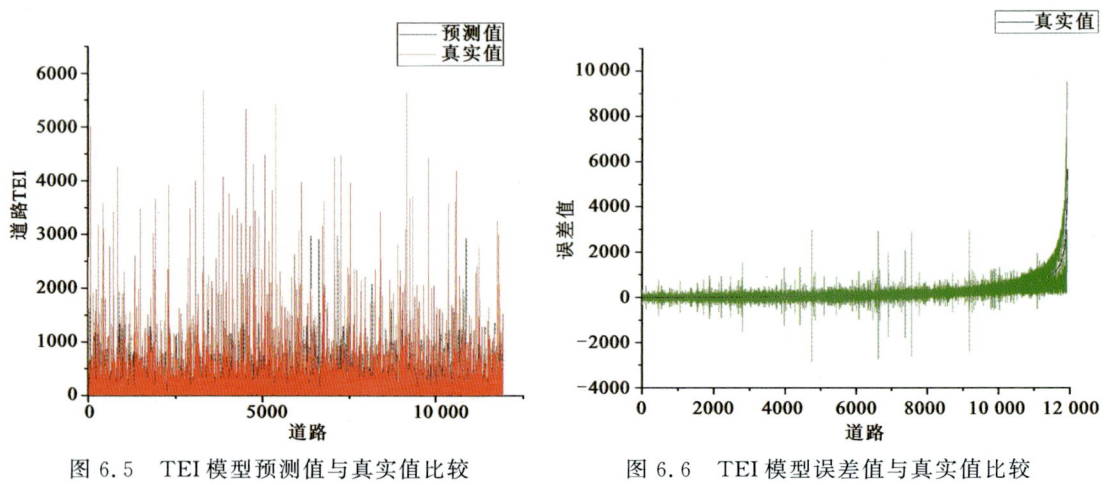

图 6.5 TEI 模型预测值与真实值比较　　　图 6.6 TEI 模型误差值与真实值比较

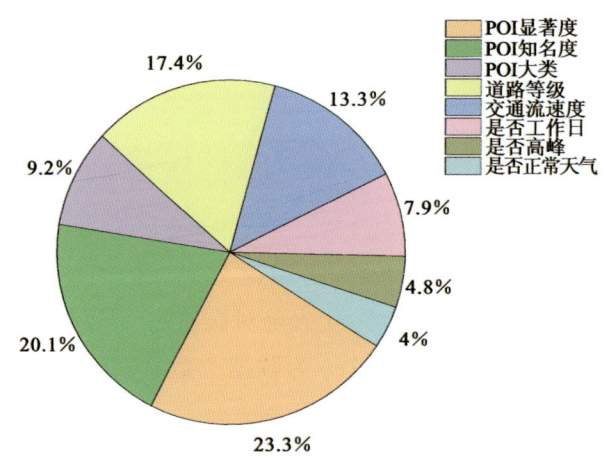

图 6.7 TEI 模型特征重要性

城市背景相关变量中，POI 知名度与 POI 显著度特征重要性占比分别为 23.3%、20.1%，说明 POI 对全局流量经验强度有显著影响，总体路段通行频率与路段周围 POI 有显著关联。典型场景中，是否为工作日场景特征重要性占比 7.9%，说明工作日场景对全局流量经验强度有较显著影响，总体路段通行频率与是否工作日有显著关联，推测与工作日大量通勤行为有关。是否为高峰场景特征重要性占比 4.8%，说明司机的路段通行频率与是否高峰场景有较弱关联，推测与高峰时期车流量增大有关。是否为正常天气场景特征重要性占比 4%，路段通行频率与是否正常天气场景有较弱关联。总体而言，典型场景中天气与是否高峰场景对 TEI 影响较小。

6.3.2 局部流量经验强度的影响分析

实验选取 XGBoost 回归模型构建 OEI 经验模型。所选的研究路段与 TEI 经验模型相同。由表6.5可知，训练集与测试集 R^2 分别为0.89、0.761，数据拟合程度较好，MAE 为 19~29，RMSE 为 34~53，预测模型整体结果良好，满足一般预测需求。图 6.8 展示了测试集的预测结果与真实值的比较，图 6.9 是 OEI 模型误差值与真实值的比较。

表 6.5 OEI 经验模型精度评定

	MSE	RMSE	MAE	R^2
训练集	1 176.06	34.294	19.346	0.890
交叉验证集	2 744.43	52.301	28.383	0.745
测试集	2 697.908	51.941	27.399	0.761

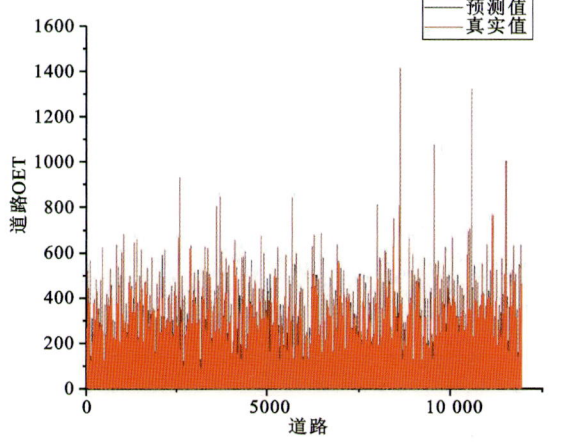

图 6.8 OEI 模型预测值与真实值比较

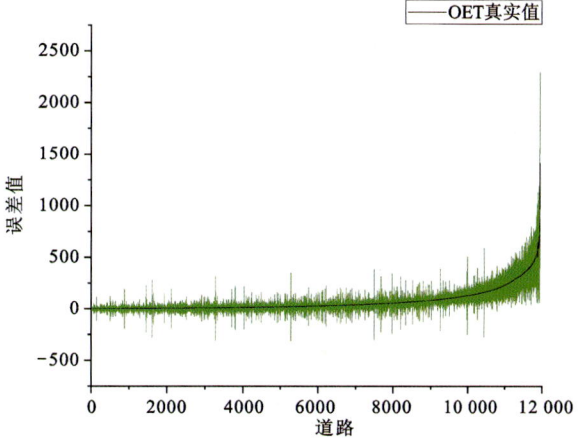

图 6.9 OEI 模型误差值与真实值比较

OEI 模型的特征重要性如图 6.10 所示，道路相关变量中道路等级特征重要性占比最高，为31.2%，说明道路等级高低对 OEI 有显著影响，意味着司机路段通行频率与道路等级显著关联，这与第 5 章的研究结论一致。交通流速度特征的重要性占比8.6%，说明交通流速度对 OEI 有较大影响，意味着路段通行频率与交通流速度有较强关联。道路流量特征的重要性占比0.8%，说明道路流量对于 OEI 影响不显著。

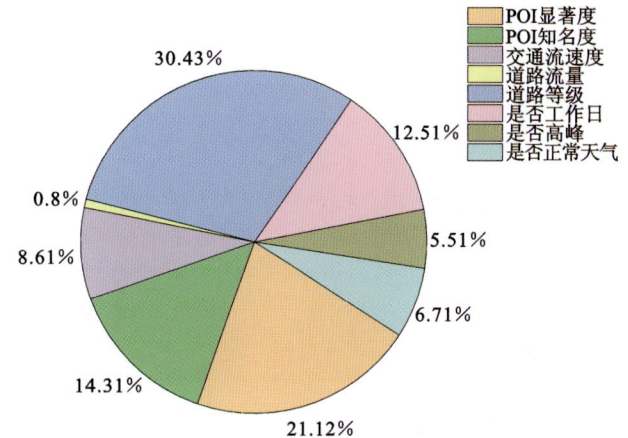

图 6.10 OEI 模型的特征重要性

城市背景相关变量中，POI 知名度与 POI 显著度特征重要性占比分别为 21.1%、14.3%，说明 POI 对于 OEI 有显著影响，意味着司机路段通行频率与路段周围显著 POI 有显著关联。典型场景中，是否为工作日场景特征重要性占比 12.5%，说明工作日场景对 OEI 影响较显著，意味着司机的路段通行频率与是否工作日具有显著关联，推测与工作日的大量通勤行为有关。是否为高峰场景特征重要性占比 6.7%，意味着司机的路段通行频率与是否高峰场景有弱关联，推测是由于高峰时期车流量增大。是否为正常天气场景特征重要性占比为 5.5%，司机的路段通行频率与是否正常天气场景有弱关联，与第 4 章结论一致，司机在非正常与正常天气的道路偏好有不一致。

6.3.3　局部距离经验强度的影响分析

实验选取 XGBoost 回归模型并以 10km 为阈值构建长距离下的 OLEI 经验模型。所选的研究路段与 TEI 相同。表 6.6 展示了 OLEI 经验模型的精度评价结果，训练集与测试集的 R^2 值分别为 0.964 和 0.819，数据拟合程度良好，且平均绝对误差较小，预测模型整体结果优秀。如图 6.11 所示是测试集的预测结果与真实值的比较，图 6.12 是 OLEI 模型误差值与真实值比较。

表 6.6　OLEI 经验模型精度评价

	MSE	RMSE	MAE	R^2
训练集	55.993	7.423	4.289	0.964
交叉验证集	338.035	18.375	8.024	0.778
测试集	293.597	17.135	7.780	0.819

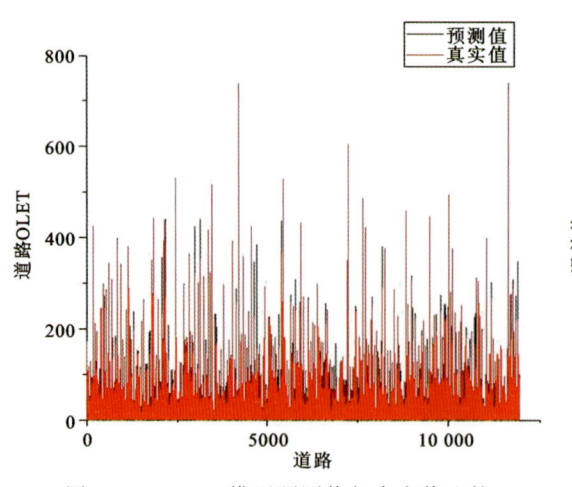

图 6.11　OLEI 模型预测值与真实值比较

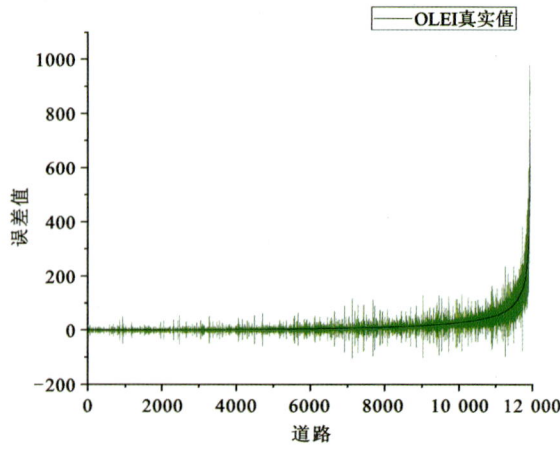

图 6.12　OLEI 模型误差值与真实值比较

OLEI 模型特征的重要性如图 6.13 所示，道路相关变量中道路等级特征重要性占比最高，为 30.9%，对 OLEI 产生显著影响，意味着司机在长距离旅行中的路段通行频率与道路等级关联显著,这是以往研究所忽略的。交通流速度特征重要性占比 3.1%,说明交通流速度与 OLEI 有弱关联,意味着司机在长距离旅行中路段通行频率与交通流速度关联较弱,司机在长距离旅行中对于交通流速度的考虑较少。道路流量特征重要性占比 2.8%,说明道路流量与 OLEI 关联较小,司机在长距离旅行中对于道路流量的考虑少。城市背景相关变量中,POI 知名度与 POI 显著度特征重要性占比分别为 1.7% 和 2.7%,说明显著 POI 属性与 OLEI 关联弱。这与 POI 对 OLEI 的影响不一致,意味着在长距离旅行中司机的路段通行频率与路段周围的显著 POI 关联性不大。

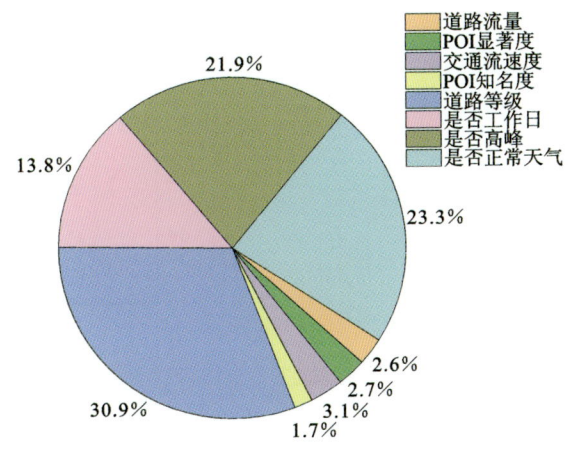

图 6.13　OLEI 模型特征的重要性

典型场景中,是否为正常天气场景特征重要性占比 23.3%,说明天气场景对 OLEI 影响显著,意味着长距离旅行中司机的路段通行频率与天气场景关联显著,推测是司机在计划长距离旅行时会更在意天气情况,恶劣天气可能会让司机取消行程。是否为高峰场景特征重要性占比 21.9%,意味着长距离旅行中司机的路段通行频率与是否高峰场景关联显著,推测是由于司机在规划长距离旅行时会避开高峰。是否为工作日场景特征重要性占比 13.8%,意味着长距离旅行中司机的路段通行频率与是否工作日场景关联较显著,推测是高峰时期的拥堵可能会增加司机的绕路行为,相较于短但拥堵的路径,司机宁愿选择更长的道路,造成了长距离旅行的增加。OLEI 中,场景特征重要性明显提高,说明司机在长距离旅行时更在意场景,这与之前研究结论明显不同。

6.3.4　局部时间经验强度的影响分析

本研究选取 LightGBM 回归模型构建 OTEI 经验模型。所选的研究路段与 OTEI 经验模型相同。由表 6.7 结果可知,训练集与测试集的 R^2 值分别为 0.461 和 0.319,数据拟合程度满足预测要求,MAE 不超过 1,平均绝对误差小,RMSE 在 2~3 之间,均方根误差小,说明总体预测精度高,误差小。预测模型整体结果满足一般的预测需求。图 6.14 展示了测试集的预测结果与真实值的比较,图 6.15 展示了 OTEI 模型误差值与真实值的比较。

表 6.7 OTEI 经验模型精度评价

	MSE	RMSE	MAE	R^2
训练集	6.780	2.604	0.871	0.461
交叉验证集	10.302	3.202	0.966	0.184
测试集	7.030	2.651	0.947	0.319

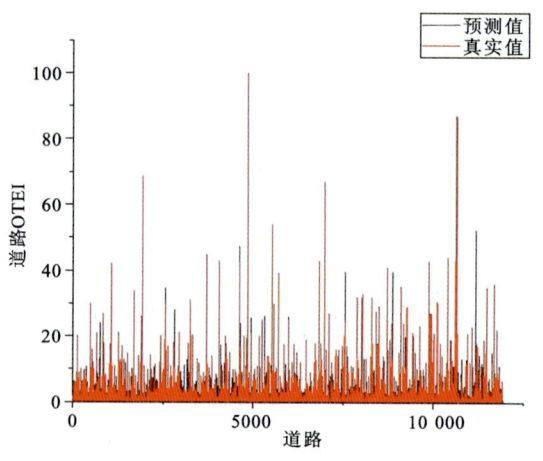

图 6.14 OTEI 模型预测值与真实值比较

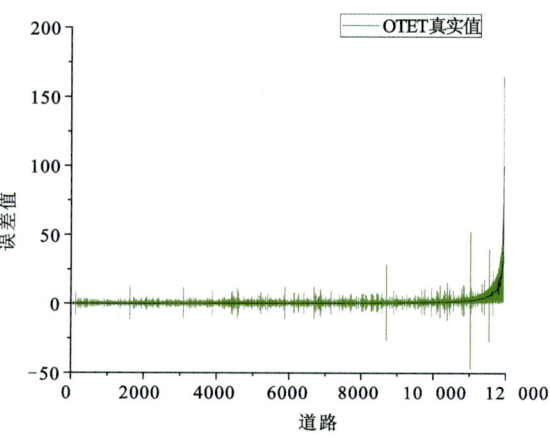

图 6.15 OTEI 模型误差值与真实值比较

OTEI 模型特征的重要性如图 6.16 所示，道路相关变量中道路流量特征的重要性占比最高，为 33.6%，说明道路流量与 OTEI 关联显著，意味着司机的路段通行时间长短与道路流量关联显著，推测是由于道路流量直接影响交通流速。道路等级特征重要性占比 13%，说明道路等级与 OTEI 关联显著，意味着司机的路段通行时间长短与道路等级关联显著，推测是由于道路等级影响道路宽度以及车道数。

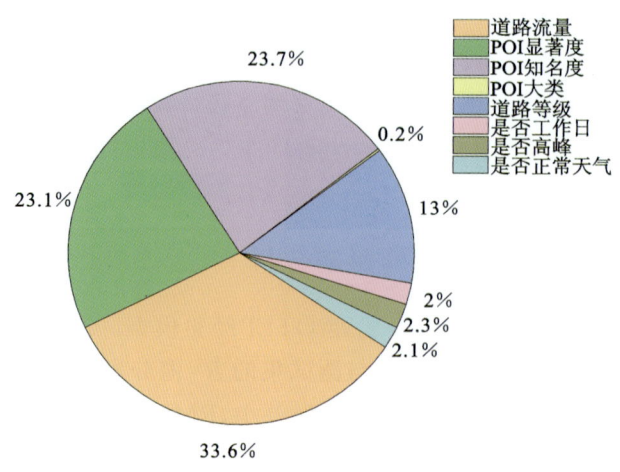

图 6.16 OTEI 模型特征的重要性

城市背景相关变量中,POI 知名度与 POI 显著度特征重要性占比分别为 23.7% 和 23.1%,与 OTEI 关联显著,意味着司机的路段通行时间长短与路段周围显著 POI 关联密切,推测是由于显著 POI 作为城市重要地标对周围的道路设施以及道路流量具有影响作用。POI 大类特征重要性占比 0.2%,说明 POI 类别对于 OTEI 不具有明显影响,意味着司机的路段通行时间长短与路段周围的 POI 种类基本无关,主要受 POI 知名度与显著度影响。典型场景中,是否高峰场景特征重要性占比 2.3%,是否正常天气场景特征重要性占比 2.1%,是否工作日场景特征重要性占比 2%,典型场景与 OTEI 关联较小,说明场景不是影响司机的路段通行时间长短的主要因素。

6.4 本章小结

现有的研究针对导航择路经验信息的总结与分析都是定性的结论,未曾有针对导航经验信息构建定量化的评价方法的研究。本章的创新点有以下两点:①提出了基于路段的经验信息量化概念——经验强度,将抽象的经验转化为可定量化描述的指标,均匀且连续地抽取路段上的经验信息;②在构建经验信息指标时,考虑了经验信息维度的多元化,由此提出了 4 个包括路径长度、道路流量、通行时间等不同维度的量化指标,使得研究对于经验信息的评价更加合理且全面,为之后广泛的路径经验定量化运用提供了方法与可能。

第 7 章 城市驾驶行为模式计算

7.1 研究背景

驾驶行为是驾驶人对驾驶环境的反应。驾驶人的路径选择偏好和驾驶风格都会影响驾驶人在道路上的速度以及加速度、变道、停车等驾驶行为,这些行为决策会进一步影响交通流畅性。例如,避开拥堵的路线和保持稳定的速度有助于减缓拥堵,而激进的驾驶风格和选择拥堵的路段则可能会加重交通堵塞。在城市交通系统中,深刻理解个体的路径选择偏好和驾驶风格对优化交通系统运行与提升驾驶者体验至关重要。本章基于车辆轨迹数据进行驾驶行为模式计算,探讨导航过程中的驾驶行为经验知识。

目前,驾驶行为分析的研究主要探究驾驶人的路径选择偏好和驾驶风格,但通常重点关注其中的某一个方面。例如,在路径选择偏好方面,学者们探究了交通信息和路径选择经验对路径选择的影响、影响通勤者路径选择和路径切换的因素等。而在驾驶风格方面,学者们提出了 Semi-Traj2Graph 的多任务学习框架,以准确识别时间维度上的细粒度驾驶风格运用动态聚类方法来确定驾驶风格的最佳识别时间窗口等。然而,仅从驾驶风格或路径选择偏好的单一角度分析驾驶行为可能导致对其不完整的理解,难以充分捕捉和感知驾驶人驾驶行为的细节差异,从而限制了对驾驶行为模式的整体把握和集成理解。这对准确、全面评估驾驶者的安全性和驾驶舒适度产生了影响。

驾驶行为的评估主要通过调查问卷、事故统计和挖掘自然驾驶数据实现。调查问卷以用户自评的方式评估驾驶行为,其主观性强,可能无法真实反映驾驶行为特征。事故统计方法能直观表征激进驾驶行为的安全风险,但该方法无法充分解释碰撞事故的发生原因与发生方式,缺乏对驾驶人行为的全面理解。针对自然驾驶数据,学者们主要使用速度、加速度、转向角、车距、碰撞时间和油耗等指标评估驾驶行为。随着大量的自然驾驶数据被获取,以挖掘自然驾驶数据的方式捕捉并评估驾驶行为是非常有希望的。然而,现有自然驾驶数据的相关指标仅涉及特定方面(如驾驶安全、驾驶风格),缺乏全面的驾驶行为综合评估方法。

鉴于驾驶行为影响因子的多样性,机器学习和深度学习方法已被引入研究驾驶人的驾驶行为。学者们使用深度强化学习算法开发了增强型自我意识驾驶推荐系统、使用 CNN 和自注意力机制从多模态驾驶序列中提取局部空间特征来识别驾驶风格、集成双延迟深度确定性策略梯度(TD3)与长短期记忆(LSTM)提取与安全性、效率和舒适性相关的驾驶特征,并基于驾驶特征构建奖励函数,通过试错交互来优化跟车行为等。尽管这些方法在驾驶行为分析中取得了进展,但其特征提取过程的可解释性相对较弱,限制了对驾驶行为分析结果的理解。并且以前的方法大多集中在整个行程或驾驶员的粒度上分析驾驶行为特征,这可能会模糊驾驶决策细节,忽略了驾驶行为的时序变化,难以捕捉到驾驶者的精细行为特征。因此,需要在时间维度上(即在较小的持续时间内)细粒度地分析驾驶行为。

综上所述,现有研究存在如下问题:①单一维度关注。现有的驾驶行为分析方法通常仅关注驾驶行为的某个单一维度,如驾驶风格或路线选择。这种单一视角导致了对驾驶行为模式中的细微差别难以进行全面捕捉和深入理解。②指标覆盖不足。尽管已有研究在增强驾驶行为评估指标和分析方法方面取得了进展,但大多数研究集中于特定方面,如驾驶安全性,忽视了与路线选择和驾驶风格相关的综合性指标。这种局限性使得对驾驶行为的全面理解和评估变得困难。③驾驶行为语义的描述不足。当前的研究方法在描述驾驶行为语义方面存在不足,难以全面而准确地反映驾驶行为的复杂性和多样性。如何更深入地描绘驾驶行为的语义,并将这些模式整合到现有的评估体系中,仍然是一个亟待解决的问题。

7.2 研究方法

7.2.1 研究框架

为了解决上述问题,本章提出了一个联合分析框架,将驾驶风格与路线选择偏好结合起来,以更精细和全面的方式解释驾驶行为(图 7.1)。通过对驾驶节奏序列的相似性和波动程度度量,分析驾驶人的路径选择特征与驾驶风格特征:①将轨迹映射为驾驶节奏序列,以细粒度表征轨迹中的交通时空状态及其变化;②提取驾驶节奏序列中的关键特征并构建驾驶节奏特征序列,以简化序列的表示和捕捉局部序列特征;③通过识别最长驾驶节奏特征相似子序列来度量驾驶节奏特征序列间的相似性;④利用 K-Means 方法对驾驶节奏特征序列集进行聚类,获得驾驶行为模式;⑤从驾驶节奏序列的多维语义视角建立驾驶行为模式的特征指标集,以量化分析司机的路径选择偏好和驾驶风格特征。

7.2.2 驾驶节奏序列构建

精细化的时空轨迹,定义为带时间戳的位置序列,在交通和城市分析中发挥着关键作用。这些轨迹可以被划分为常规和事件相关的组件,形成类似于 DNA 序列的编码单元。因此,驾驶节奏序列(drag reduction system,DRS)被表示为一系列有序排列的交通状态元素,类似于核苷酸序列,以捕捉反映驾驶行为的序列特征。受 DNA 序列分析的启发,这种表示方法揭示了序列中的复杂模式和关系,DRS 表示法支持识别不同行程中的复杂交通状态变化模式。通过比较 DRS 之间的相似性,可以识别出交通状态的共同时空特征。

具体来说,由于车辆平均速度受车流密度、道路容量、信号灯和道路状况等多种因素影响,车辆平均速度是一个可以提供综合评估交通状态的指标。因此以轨迹段内平均速度表征轨迹段的交通状态,其形式化表示参见定义 7.1。然后依据平均速度与交通状态的映射关系,

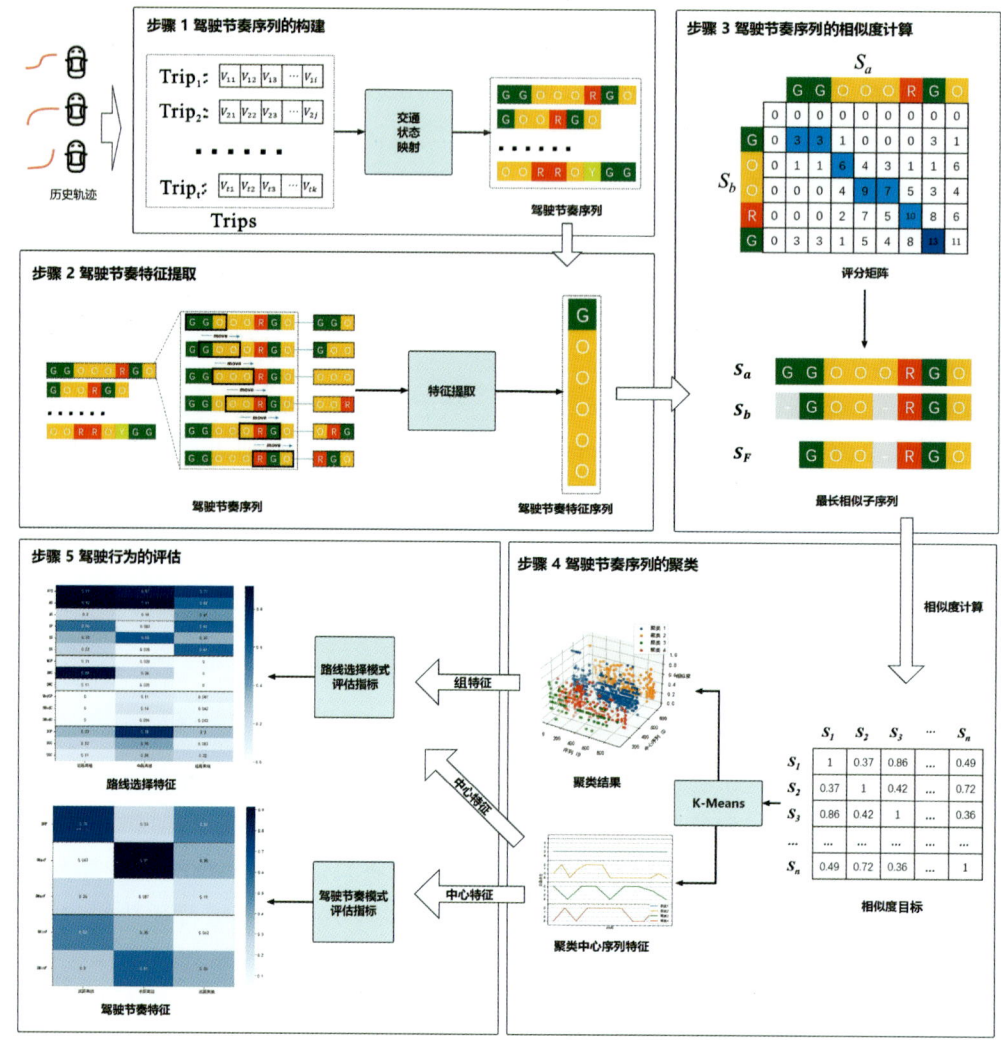

图 7.1 综合驾驶风格与路线选择偏好的联合分析框架

将轨迹段内的平均速度映射成交通状态,行程中交通状态组成的序列即为驾驶节奏序列,其形式化表示参见定义 7.2。依据《道路交通拥堵度评价方法》(GA/T 115—2020)中限速 60km/h 道路的平均行驶速度与交通状态对应关系,轨迹段内平均速度与交通状态的映射关系如表 7.1 所示。

表 7.1 平均速度与交通状态映射关系

符号	含义	速度区间
G	该路段内畅通	≥35
Y	该路段内轻度拥堵	[30,35)
O	该路段内中度拥堵	[20,30)
R	该路段内重度拥堵	(0,20)

定义 7.1 交通状态：交通状态表示轨迹段内交通拥堵程度，记为 $E_i \in \{G,Y,O,R\}$。其中，G 表示当前轨迹段内畅通，Y 表示当前轨迹段内轻度拥堵，O 表示当前轨迹段内中度拥堵，R 表示当前轨迹段内重度拥堵。

定义 7.2 驾驶节奏序列（DRS）：驾驶节奏序列是行程中交通状态组成的序列，记为 $S = (E_1, E_2, \cdots, E_p)$，其中 p 为交通状态的时刻。交通状态通常会随着时间的推移而变化，通过将行程的交通时空状态序列化，可以描述交通状态的时空分布并保留交通状态的时空关联性，从而为比较行程间交通时空状态的相似度和挖掘行程间交通时空状态的共性特征奠定基础。

7.2.3 驾驶节奏特征提取

考虑到 DRS 间的相似度计算性能，我们从原始 DRS 中提取出关键的驾驶节奏特征序列（DRFS）以减少冗余信息，其形式化表示参见定义 7.3。生物信息学中的 K-mer 概念被借鉴来表示 DRFS 的基本单元。K-mer 是指长度为 K 的连续子序列（如碱基或氨基酸），由于其能够简化序列的表示和捕捉局部序列特征，被广泛用于序列特征的提取、表示和分析。

定义 7.3 驾驶节奏特征序列（DRFS）：驾驶节奏特征序列是 DRS 中的特征序列，记为 $F_S = (E_1, E_2, \cdots, E_q)$，其中 q 为 DRFS 中交通状态的时刻。

定义 7.4 K 驾驶节奏特征片段（K-DRF）：K-DRF 即长度为 K 的连续驾驶节奏片段，由 K 个连续的交通状态元组成。K-DRF $=(E_1, E_2, \cdots, E_k), E_i \in \{G,Y,O,R\}$，其中 k 为驾驶节奏特征片段状态元个数。K-DRF 从 DRS 中提取，是表示 DRFS 具备特征的基本序列单元。

K 值直接影响特征序列的长度和特征表达能力。较小的 K 值可以捕获更细粒度的特征，而较大的 K 值可以捕获更大尺度的特征。因此需要根据 DRS 的长度调整 K 值。

以 K-DRF 为单元构造 DRFS 的过程如下：首先，用一个长度为 K 的窗口沿着 DRS 从头部向尾部滑动，得到若干个 K-DRF 组成的集合 ϕ。然后，依据表 7.2 的交通状态与数值映射关系对 K-DRF 中的单个交通状态赋值，以量化表达 K-DRF 中的交通时空状态特征。其次，为了稳定表达 K-DRF 中蕴含的交通时空状态特征，以 K-DRF 中 K 个交通状态的中位数作为其统计学特征，并以其映射的交通状态来代表该 K-DRF 的交通时空状态。最后，驾驶节奏序列 DRFS 的特征则表征为 K-DRF 交通时空状态序列。

表 7.2 交通状态的赋值与映射区间示例表

状态元素	值	映射区间
G	1	$[0,1]$
Y	2	$(1,2]$
O	3	$(2,3]$
R	4	$(3,4]$

例如有 DRS $S = (G,G,O,O,O,R,G,O)$，K 为 3，则 S 对应的 DRFS $S' = (G,O,O,O,O,O)$ 的构造过程如图 7.2 所示。具体计算过程如下：

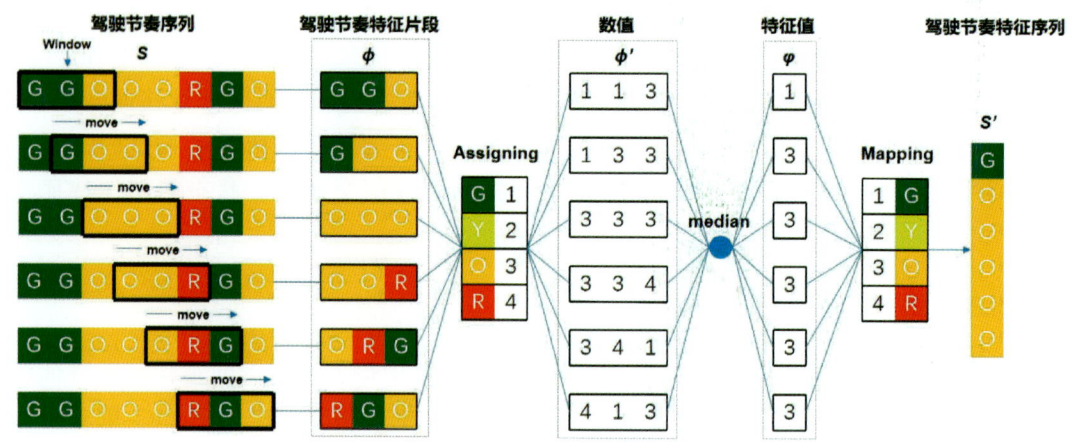

图 7.2　DRFS 构造示意图

（1）通过滑动窗口 K 提取 S 中的 K-DRF，由 S 中所有 K-DRF 组成的集合记为 $\phi = \{(G,G,O),(G,O,O),(O,O,O),(O,O,R),(O,R,G),(R,G,O)\}$。

（2）根据表 7.2 的映射关系对 ϕ 中 K-DRF 的交通状态赋值，由数值表达的 K-DRF 集记为 $\phi' = \{(1,1,3),(1,3,3),(3,3,3),(3,3,4),(3,4,1),(4,1,3)\}$。

（3）求取 ϕ' 中每个 K-DRF 的中位数，由 ϕ' 中所有 K-DRF 的中位数组成数值表示的 DRFS $\varphi = (1,3,3,3,3,3)$，将序列 φ 中的数值映射为交通状态得到 DRFS $S' = (G,O,O,O,O,O)$。

7.2.4　驾驶节奏序列的相似性计算

DRFS 之间的相似度计算对于驾驶风格的模式抽取至关重要。本节采用 Smith-Waterman 算法，这是一种广泛应用于生物信息学中评估 DNA、RNA 或蛋白质序列相似性的局部序列比对方法，以此来计算 DRFS 间的相似度。动态规划算法计算了两个驾驶节奏序列之间的最佳局部匹配，考虑了 DRFS 中的缺失和插入。具体计算过程如下：

（1）由于每条行程所花费的时间和路程不同，不同行程所对应的 DRFS 的长度是不均等的，因此我们需要识别出不均等 DRFS 中的最长相似驾驶节奏子序列来度量 DRFS 间的相似性。为了能够在局部范围内比较两条 DRFS S_a 与 S_b 的相似度并找到最长相似驾驶节奏子序列，我们根据两条待比较 S_a 与 S_b 的长度 l_a 与 l_b，创建一个 $(l_a+1)*(l_b+1)$ 阶的二维动态规划矩阵 M。矩阵的每个元素 $M(i,j)$ 表示了将 S_a 第 i 个交通状态和 S_b 第 j 个交通状态对齐，并以该位置为起点的相似驾驶节奏子序列的匹配得分。考虑到相似子序列为空（相似子序列长度为 0）的情况，并确保与空序列比较时不会产生非 0 得分，我们将矩阵 M 的第一行和第一列初始化为 0。矩阵中元素最大值所在位置即为两条 DRFS 的最长相似子序列的起点。表 7.3 展示了一对 DRFS S_a 和 S_b。

表 7.3　DRFS 示例

DRFS	DRFS 表示	长度
S_a	GGOOORGO	8
S_b	GOORG	5

(2) 为了量化 S_a 与 S_b 中各条相似驾驶节奏子序列间的匹配得分, 我们设计了递推公式 (公式 7.1) 计算矩阵 M 中每个元素的值。特别地, 为了实现在相似子序列内精确搜索最佳的驾驶节奏子序列, 并平衡匹配的精确性和灵敏度, 引入了惩罚分 w。较高的 w 将鼓励算法尽量减少插入空位操作, 而较低的处罚分则允许更多的插入空位操作。

式 (7.1) 的核心思想是在每个位置上选择最大的得分路径, 以确定最佳的局部匹配。通过在整个矩阵中应用式 (7.1), 可以找到匹配得分最高的局部区域, 即两个序列之间的最佳局部匹配。公式解释如下:

$$M_{i,j} = \max \begin{cases} M_{i-1,j-1} + \text{Match}(S_{ai}, S_{bj}) \\ M_{i-1,j} - w \\ M_{i,j-1} - w \\ 0 \end{cases} \quad (7.1)$$

(1) 左上方对角线元素的值 ($M_{i-1,j-1}$) 表示以交通状态 S_{ai-1} 与交通状态 S_{bj-1} 位置为起点的相似子序列的匹配得分。Match (S_{ai}, S_{bj}) 表示 S_{ai} 与 S_{bj} 的匹配得分。$M_{i-1,j-1}$ 与 Match (S_{ai}, S_{bj}) 的和, 该值表示以 S_{ai} 与 S_{bj} 位置为起点的相似子序列的匹配得分。Match (S_{ai}, S_{bj}) 用于控制相似性计算的严格程度, 通过调整匹配得分可以调整算法对不匹配情况的容忍程度。具体计算过程如式 (7.2) 所示, 当待比较的两个交通状态相同且不为空位时 (即两个交通状态所表示的交通时空特征相同时), 匹配得分为 $m(m>0)$, 否则匹配得分为 $-n(n>0)$。

$$\text{Match}(S_{ai}, S_{bj}) = \begin{cases} m, S_{ai} = S_{bj}, S_{ai} \neq \text{'}-\text{'}, S_{bj} \neq \text{'}-\text{'} \\ -n, S_{ai} \neq S_{bj} \text{ or } S_{ai} = \text{'}-\text{'} \text{ or } S_{bj} = \text{'}-\text{'} \end{cases} \quad (7.2)$$

(2) 以 S_{ai} 与 S_{bj-1} 位置为起点的 DRFS 相似子序列的匹配得分 ($M_{i,j-1}$) 与 w 的和。该值表示在 S_b 第 j-1 个交通状态后插入一个空位后的匹配得分, 其中 w 表示在 S_b 第 j-1 个交通状态后插入一个空位的成本。

(3) 以 S_{ai-1} 与 S_{bj} 位置为起点的 DRFS 特征相似子序列的匹配得分 ($M_{i-1,j}$) 与 w 的和。该值表示在 S_a 第 i-1 个交通状态后插入一个空位后的累积得分, 其中 w 表示在 S_a 第 i-1 个交通状态后插入一个空位的成本。

(4) 为了防止出现负相似度, 引入元素最小值 0, 表示 S_{ai} 和 S_{bj} 完全不相似。

(5) 从最高得分位置开始回溯路径以确定最长相似驾驶节奏子序列, 并计算两条 DRFS 的相似度得分。具体来说, 矩阵 M 的最大值表示最佳局部匹配起点, 从该点向左上角回溯并累加路径元素的值得到路径的相似度得分集 V, 相似度得分最高的回溯路径即为最佳匹配路径。最佳匹配路径对应的序列为两条 DRFS 间最长相似驾驶节奏子序列。相似度得分集 V 中最大值($V_{\max}$)为两条 DRFS 间的相似度得分。

如表 7.3 所示,计算 S_a 和 S_b 的相似度时,将 m 和 n 设为 3 可以提高算法进行相似性比对的灵敏性。而将 w 设为 2 表示插入或删除空位的成本相对较高,有助于确保相似度计算更多地依赖于真正的匹配而不是插入空位操作。图 7.3 为由递推公式(7.1)填充后的得分矩阵示意图。图 7.3(a)中深蓝色区域为最长相似驾驶节奏子序列的起点,蓝色区域即为最佳匹配路径。最佳匹配路径对应相似子序列 $S_F = (G, O, O, -, R, G)$。蓝色区域元素值的和即为 S_a 和 S_b 的相似度得分。由于相似度得分 $V_{\max} \in [0, +\infty]$,相似度得分跨度较大且数据分布不均匀,使用 sigmoid 函数将 $V_{\max}$ 映射到 $e \in (0, 1)$,以衡量 DRFS 间的相似度(式 7.3)。

$$e = \frac{1}{1 + e^{-V_{\max}}} \tag{7.3}$$

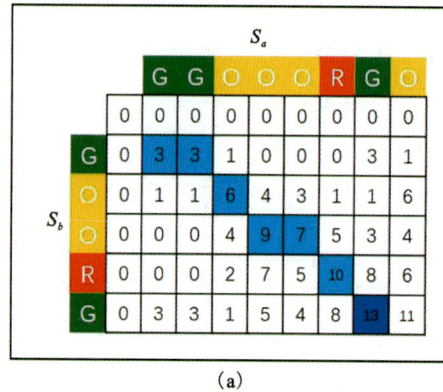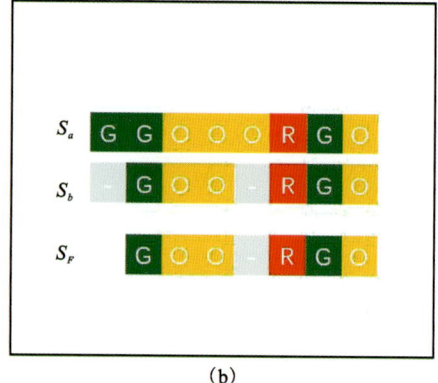

图 7.3　DRFS S_a 和 S_b 的得分矩阵(a)及最长相似子片段示意图(b)

通过上述方法能够捕捉两个 DRFS 的局部相似性,同时能够处理驾驶节奏序列的不等长问题,从而为进一步挖掘 DRFS 中的相似特征做好准备。

7.2.5　驾驶节奏序列的聚类

为了挖掘 DRFS 中的驾驶行为模式,我们对多个行程映射的 DRFS 集进行聚类分析。具体来说,我们计算任意两条 DRFS 之间的相似度,并构建一个哈希矩阵存储计算结果。最后采用 K-means 聚类算法对 DRFS 集进行聚类分析,并得到了每一类的中心序列。为了反映每一类驾驶行为的主要特征,并避免个别异常值的影响,我们将聚类中心对应的 DRFS 作为该类的驾驶行为模式特征。具体实现伪代码如算法 7.1 所示:

算法 7.1:DRS 聚类

Input:X: A set of driving rhythm feature sequences, including N elements; K: Number of clusters; E: Hash matrix for similarity score between driving rhythm feature sequences

Output:clusters: Cluster center set

Initialization:center_set←φ, clusters←φ

initialize_clusters(X, K) ;

```
for iteration in range(max_iterations):
    for i in range(N) do
        assign_sequence_to_nearest_cluster(X[i], clusters);
end
    for k in range(K) do
        new_center[k] = calculate_new_center(clusters[k]);
end
    if new_center == clusters then
        return clusters;
else:
update_cluster_center(clusters, new_center);
end
```

其中 X 为 DRFS 集，K 为聚类个数；clusters 为存储聚类中心对应 DRFS 标识的数组；new_center 为存储更新聚类中心后对应 DRFS 标识的数组。特别地，我们将 DRFS 间相似度得分 e 作为 DRFS 间的距离，并以 DRFS 对应的唯一行程 id 作为映射，将集合中 DRFS 间的相似度得分存储进哈希矩阵 E（一个对角线对称方阵）。计算 DRS 间距离的步骤则简化为根据行程 id 查询哈希矩阵 E 的过程。通过上述方法能够对集合中 DRFS 进行分类，且确定每类的驾驶行为模式特征。

7.2.6 驾驶行为的评价指标集

在对 DRS 特征进行聚类后，研究框架提供了一套用于量化分析路径选择偏好和驾驶风格特征的指标集。值得注意的是，路径选择特征与驾驶风格特征之间存在密切关联，例如，具有强烈冒险倾向的驾驶者可能会倾向于选择具有更高速度体验的路径，并在紧急情况下作出更冒险的决策。因此，需要从路径选择和驾驶风格两个方面对 DRS 进行全面分析和理解。通过这些指标对 DRS 进行量化和分析，能够客观地描述驾驶轨迹中蕴含的路径选择和驾驶风格特征，有助于全面识别驾驶者在驾驶行为上的差异。

1. 路径选择模式的评价指标

路径选择特征指驾驶员所选路线表现出的行程特征。我们基于驾驶特征序列从行驶时间、距离、平均速度，以及各个交通状态（严重拥堵、中度拥堵、轻度拥堵、畅通）在行程中的占比、最长连续交通状态发生时刻及持续时长等方面设计了 15 个指标。表 7.4 列出了这些指标的名称和详细定义，这些特征可以揭示驾驶员对不同类型的道路和交通条件的舒适度的偏好和习惯。

2. 驾驶风格模式的评价指标

驾驶风格特征指驾驶员在驾驶过程中表现出的一系列动态变化的特征。我们从驾驶节奏波动程度、最大波动的发生时间和持续时间，以及最小波动的发生时间和持续时间设计了

5个指标。表7.5给出了定义，这些指标可以提供关于驾驶员的技能水平、攻击性、注意力，甚至他们当前心态的见解。

表 7.4　路径选择模式的评价指标与定义

简写	定义
ATS	旅行的平均持续时间
AD	旅行的平均行驶距离
AS	在指定时间段内的平均行驶速度
SSP	交通流畅状态的时间比例
SSM	最长拥堵状态开始的位置
DSM	最长拥堵状态在 DRS 内持续的时间
MCP	交通经历轻度拥堵的时间比例
SMC	最长轻度拥堵状态开始的位置
DMC	最长轻度拥堵状态在 DRS 内持续的时间
MOCP	交通经历中度拥堵的时间比例
SMOC	最长中度拥堵状态开始的位置
DMOC	最长中度拥堵状态在序列内持续的时间
SCP	交通经历严重拥堵的时间比例
SSC	最长严重拥堵状态开始的位置
DSC	最长严重拥堵状态在序列内持续的时间

表 7.5　路径选择模式的评价指标与定义

指标	定义
DRF	评估 DRS 的复杂性和不规则程度，值越高表示复杂性或随机性越大
SMaxF	DRS 中变化最显著的段开始的位置
DMaxF	DRS 经历最大变化的时间长度
SMinF	DRS 中变化最小的段开始的位置
DMinF	DRS 经历最小变化的时间长度

7.3　实验与讨论

7.3.1　实验数据

实验选取中国湖北省武汉市作为研究区域，该市的交通环境比较多元化，为驾驶行为分析提供了丰富的车辆轨迹数据。数据包含 2015 年 5 月 10 日至 5 月 15 日 5 天的 18 587 辆出租车的原始 GPS 轨迹数据。轨迹数据记录包括出租车的 ID、记录时间、经度、纬度、车辆状态、载客状态和故障状态等信息,数据采样频率为 60s。为了便于高效地处理高时空分辨率下的轨迹数据,我们设计了以下步骤:

首先,对原始 GPS 轨迹数据进行放宽精度约束处理,即进行规则的细分将轨迹数据处理到合适的时空粒度。再将具有相同起点区域与相同终点区域(即相同 OD 对)的行程分为一组,研究各组的驾驶风格的异同,以消除 OD 位置差异对驾驶风格的影响,确保不同行程之间具有可比性。同时,优先选择人流量较高区域的 OD 对。

然后,按行程距离进行分组。根据 OD 对中心点间欧式距离将 OD 对分为近距离类、中距离类和远距离类。特别地,我们根据出租车收费与行程距离的关系对 OD 对分类,即 OD 对间距离小于 3km 时为近距离类;OD 对间距离大于或等于 3km 且小于 10km 时为中距离类;OD 对间距离大于或等于 10km 时为远距离类。

最后,按时间段分组。在每个距离组内按照行程的发生时间及结束时间将行程分为交通高峰时段组和交通平峰时段组。7:00—9:00、12:00—14:00 和 17:00—19:00 三个时段为交通高峰时期,其余时段为交通平峰期。

利用上述处理流程,获得了 6 个实验组,图 7.4 展示了武汉市的行政区域以及 6 个实验组的起点和终点网格。表 7.6 展示了 6 个实验组的具体信息。

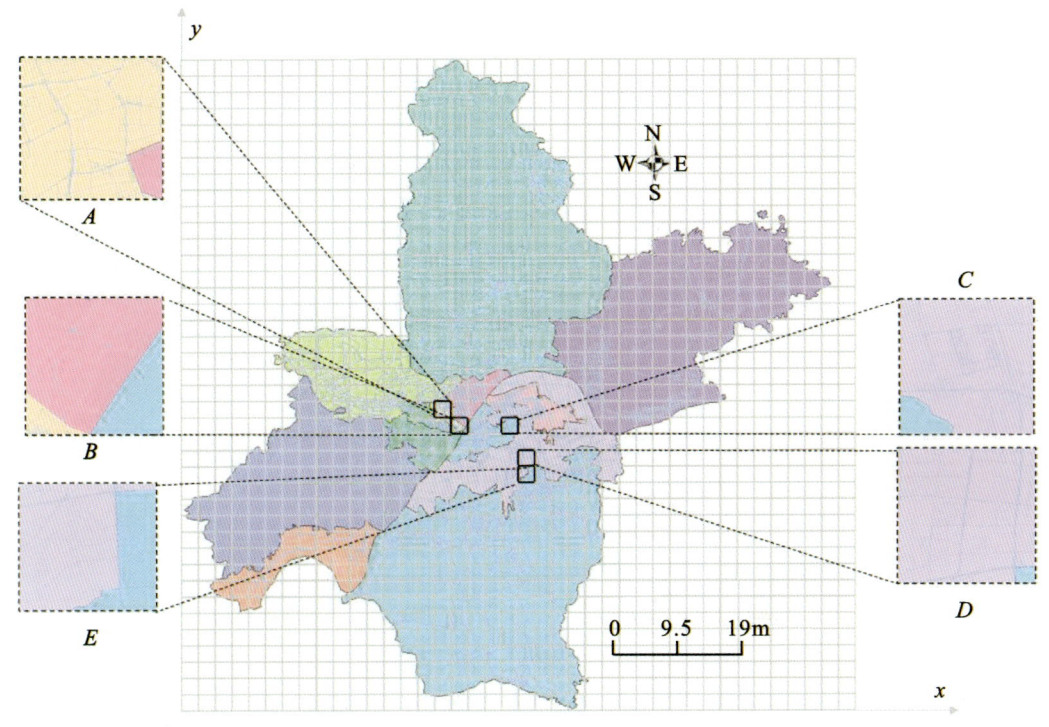

图 7.4 武汉行政区域划分及 5 个 OD 区域

表 7.6 6 个实验组设置

ID	OD	距离	时段
1	A—C	远	交通高峰期
2	A—C	远	非交通高峰期
3	A—B	中	交通高峰期
4	A—B	中	非交通高峰期
5	D—E	近	交通高峰期
6	D—E	近	非交通高峰期

交通高峰时期的道路系统通常处于最大负荷状态,此时驾驶人的驾驶行为更具有代表性。同时,行程距离大小也是影响驾驶行为决策的关键因素。因此,本节使用我们设计的指标集对交通高峰时期的实验组,从近距离、中距离和远距离 3 个方面对司机的驾驶行为进行量化分析,以从时间维度和距离维度诠释个体路径选择偏好和驾驶风格与交通系统状态的关系。

7.3.2 近距离组分析

本节考察了近距离场景下区域 D 和区域 E 间在交通高峰期的行程数据,即实验组 5。图 7.5 展示了该组数据被聚类为比较明确的 4 个组,图 7.6 展示了每个组的中心驾驶风格序列和交通状态变化曲线,如图 7.6(a)所示,及相应行程的轨迹示意图,如图 7.6(b)所示。

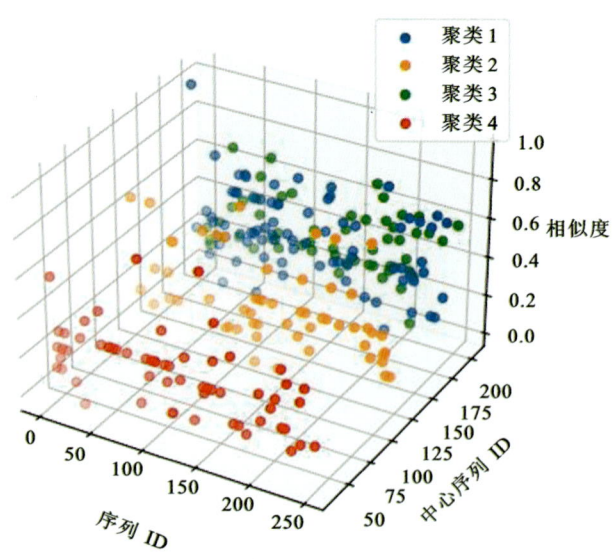

图 7.5 短距离交通高峰期的 DRS 聚类效果

图 7.7(a)和图 7.7(b)分别显示了实验组 5 的路径选择特征和驾驶风格特征值的分布。根据这些特征值,分别对 4 组的路径选择偏好和驾驶风格特征展开具体分析。

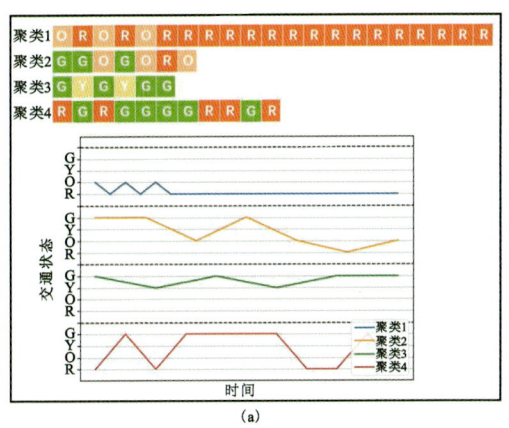
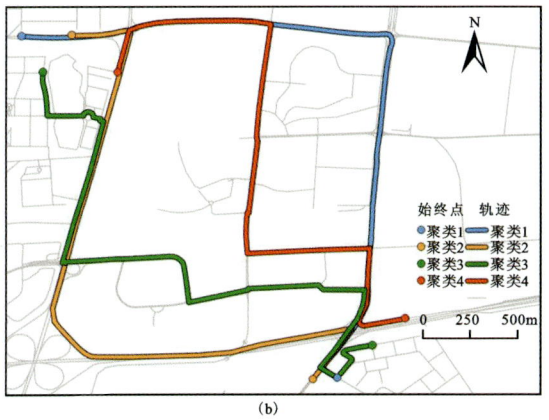

图 7.6　交通高峰期 D 区和 E 区之间行程聚类中心的驾驶节奏序列(a)和轨迹图(b)

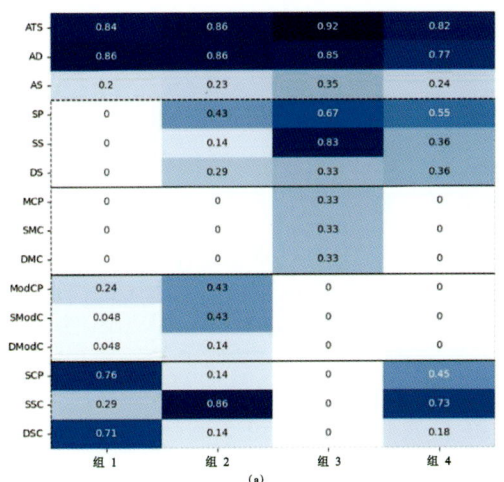
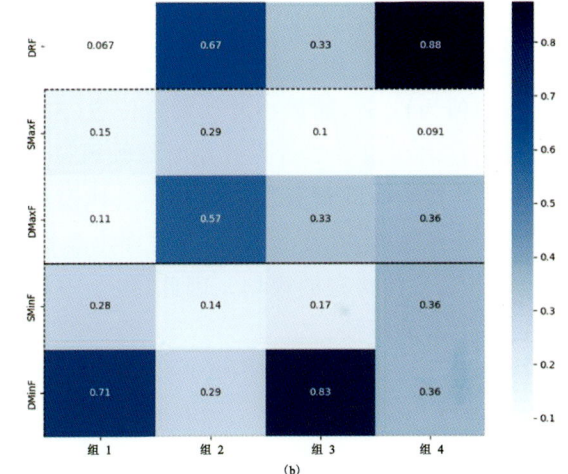

图 7.7　短途交通高峰期路线选择(a)和驾驶风格(b)的特征值分布

（1）组 1 的时间性能指标（ATS）为 0.84，距离性能指标（AD）为 0.86，速度性能指标（AS）为 0.20，其在时间性能和距离性能在 4 组中居于中等水平，而速度性能表现最差。该组在畅通状态（SP、SS、DS）和轻度拥堵状态（MCP、SMC、DMC）方面的指标值均为 0，表明没有遇到畅通或轻度拥堵的状态。中度拥堵状态在 DRS 中占比较低（ModCP 为 0.24），且发生在行程开始时，保持时间相对较短（DModC 为 0.05）。与此不同，重度拥堵状态在 DRS 中占比较高（ModCP 为 0.86），发生在行程前期，保持时间很长（DSC 为 0.71）。这意味着 Group1 的行程早期就陷入了长时间的重度拥堵直到行程结束。

该组的驾驶风格特征如图 7.7（b）所示，组 1 的驾驶风格波动度（DRF）极低，仅为 0.07，表明驾驶风格非常稳定，其最大波动发生位置（SMaxF）值为 0.15，最大波动持续时长（DMaxF）为 0.11，而最小波动发生位置（SMinF）值为 0.29，最小波动持续时长（DMinF）为 0.71。这说明组 1 的行程经历开始的短暂节奏波动后保持相对恒定的驾驶风格，暗示该组司机可能更注重驾驶的平稳性和行车安全，在路径选择和驾驶时更为谨慎和保守，竭力避免在高拥堵交通中出现风险或事故,但也正是因为这种谨慎,比较长时间处于低速、安全的行驶状态。

(2) 组2的时间性能指标(ATS)为0.86,距离性能指标(AD)为0.86,速度性能指标(AS)为0.23。该组在距离和速度性能上表现中等,而在时间性能上相对较好。在交通状态方面,组2畅通状态在DRS中占比较大(SCP为0.43),且畅通持续时间相对较长(DS为0.29)。该组在轻度拥堵状态方面指标(MCP、SMC、DMC)都为0,说明没有出现轻度拥堵状态。此外,该组中度拥堵状态在DRS中占比较大(ModCP为0.43),但中度拥堵状态连续时间较短(DModC为0.14),说明中度拥堵状态在行程中后期(SModC为0.43)穿插出现。重度拥堵状态在DRS中占比较小(ModCP为0.14),且持续时长较短(DSC为0.14)。这些指标表明组2更倾向于选择时间短、交通畅通的路线,尤其在行程前期。然而,他们可能在行程后期没有及时调整,导致了重度拥堵状态的出现。这可能反映出组2中的司机对整体交通状态的变化不够敏感。

在驾驶风格特征方面[图7.7(b)],组2的驾驶风格波动度(DRF)值高达0.67,显示出相对较大的波动性。组2的最大波动发生位置(SMaxF)值为0.29,最大波动持续时长(DMaxF)值为0.57,而最小波动发生位置(SMinF)值为0.14,最小波动持续时长(DMinF)值为0.29。这表明组2的行程开始时驾驶风格相对稳定但持续时间较短,而行程中期驾驶风格变化剧烈且持续时间较长。综合路径选择模式和驾驶风格特征,组2中的司机似乎更注重行程中的驾驶连续性,在交通压力下表现出急躁的驾驶心态。他们可能更倾向于追求时间效率,但缺乏对整体行程的规划。因此,组2中的司机需要提高适应和规划行程的能力,以缓解交通拥堵带来的不便。

(3) 组3的行程时间性能(ATS为0.92)和速度性能(AS为0.35)都明显优于其他3组,然而其行程距离(AD为0.89)略长于组1和组2。在交通状态方面,组3的畅通状态在DRS中占比较大(SCP为0.67),最长畅通状态发生在行程即将结束时(SS为0.83),且持续时间相对较短(DS为0.17),说明畅通状态贯穿行程但不连续。轻度拥堵状态在DRS中占比较小(MCP为0.33),最长轻度拥堵状态发生在行程前期(SMC为0.33),持续时间相对较短(DModC为0.17)。该组的中度拥堵状态指标(ModCP、SModC、DModC)和重度拥堵状态指标(SCP、SSC、DSC)都为0,说明组3未出现中度和重度拥堵状态。这些表明组3的行程交通状态表现最佳,畅通状态的持续时间更长,且未遇到严重的拥堵。在路径选择方面,组3中的司机似乎更倾向于选择时间更短、速度更快、交通状态更好的路线,即使需要绕一些稍远的路。

在驾驶风格特征方面[图7.7(b)],组3的驾驶风格波动度(DRF)仅为0.33,表明其驾驶风格相当稳定。最大波动发生位置(SMaxF)值为0.10,最大波动持续时长(DMaxF)为0.33,而最小波动发生位置(SMinF)值为0.44,最小波动持续时长(DMinF)为0.56。这显示出最大波动发生在行程开始时,驾驶风格在短暂的波动后保持了长时间的稳定。显示组3中的司机能够很好地掌控行程交通状态,愿意在行程前期短暂的驾驶风格波动后享受长时间的驾驶稳定性。表明他们在行程规划方面具有较高的认知水准,能够全面、准确地评估路线的通行效率、舒适性和可预测性。他们可能不太关心微小差距的行程距离,愿意为了获得高效且愉快的驾驶体验而付出一些额外的距离代价。

(4) 组 4 的时间性能指标(ATS)为 0.82,距离性能指标(AD)为 0.77,速度性能指标(AS)为 0.24。该组的行程时间性能和距离性能都不如其他 3 组,尤其是行程距离明显超过其他 3 组,但速度性能相对较好。在交通状态方面,组 4 畅通状态在 DRS 中占比较大(SCP 为 0.55),最长畅通状态发生在行程前期(SS 为 0.36),持续时间相对较长(DS 为 0.36),说明畅通状态连续性较好。组 4 在轻度拥堵状态方面指标(MCP、SMC、DMC)和中度拥堵状态方面指标(ModCP、SModC、DModC)都为 0,说明组 4 未出现轻度拥堵状态和中度拥堵状态,但重度拥堵状态在 DRS 中占比较大(ModCP 为 0.46)。最长重度拥堵状态发生在行程即将结束时(SModC 为 0.73),持续时间相对较短(DSC 为 0.18),说明重度拥堵状态分散出现在行程中。这些指标表明,该组行程在畅通状态方面表现不错,且连续畅通状态占比高。然而,他们对避免交通拥堵更为注重,愿意为了规避拥堵而选择绕道,尽管这可能不一定能在交通高峰时期改善交通状态。这表明组 4 中的司机更注重行程的速度体验,不太愿意忍受交通拥堵,甚至愿意选择绕远路以规避拥堵。

在驾驶风格方面[图 7.7(b)],组 4 的驾驶风格波动度(DRF)高达 0.88,表明其驾驶风格变化幅度最大。最大波动发生位置(SMaxF)值为 0.09,最大波动持续时长(DMaxF)为 0.36,而最小波动发生位置(SMinF)值为 0.36,最小波动持续时长(DMinF)值也为 0.36。这表明组 4 在行程的前半段保持相对畅通的交通状态,但在行程后半段交通状态变得不稳定,经常在重度拥堵和畅通状态之间切换。这说明该组司机在控制驾驶风格的连续性方面相对欠缺,在面对交通压力时可能更容易变得急躁,导致驾驶风格的频繁变化。组 4 中的司机可能更注重驾驶速度体验,相对忽视行程距离,并且缺乏对整体行程的规划以及对路线交通状况的全面认知。在面对交通压力时,他们更容易感到急躁。

综上所述,对于短距离高峰期行程,组 3 的司机在选择路线时综合考虑了通行效率、舒适性和可预测性,而组 1 的司机更注重安全,采取更为谨慎和保守的驾驶方式。与此不同,组 2 和组 4 的司机都有急躁的驾驶心态,但组 2 的司机追求最短通行时间,而组 4 的司机更倾向于速度最快的路线。

7.3.3 中距离组分析

本节考察了中距离场景下区域 A 和区域 B 间在交通高峰期的行程数据,即实验组 3。图 7.8 展示了实验组 3 中每组的聚类分布。图 7.9 展示了实验组 3 的 4 个聚类结果的中心驾驶风格序列和交通状态变化[图 7.9(a)],及相应行程的轨迹示意图[图 7.9(b)]。

图 7.10 分别呈现了实验组 3 中不同聚类组的路径选择特征[图 7.10(a)]和驾驶风格特征[图 7.10(b)]值的分布。根据这些特征值,分别对 4 组的路径选择偏好和驾驶风格特征展开具体分析。

(1) 组 1 的行程平均时长和平均距离明显高于其他组,但速度表现出色。该组行程一直保持着严重的交通拥堵状态,直到行程接近结束时才有所改善。在驾驶风格方面[图 7.10(b)],组 1 的驾驶表现出低波动性,只在行程接近结束时有短暂的急加速,其余时间驾驶风格平稳。表明组 1 的司机可能相对不太关心行程时间和距离,更注重平稳和连贯的驾驶风格,

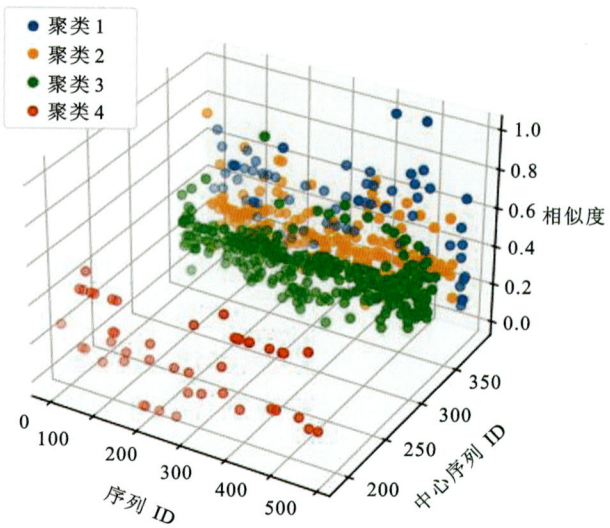

图 7.8 中距离交通高峰时段驾驶节奏序列的聚类效果

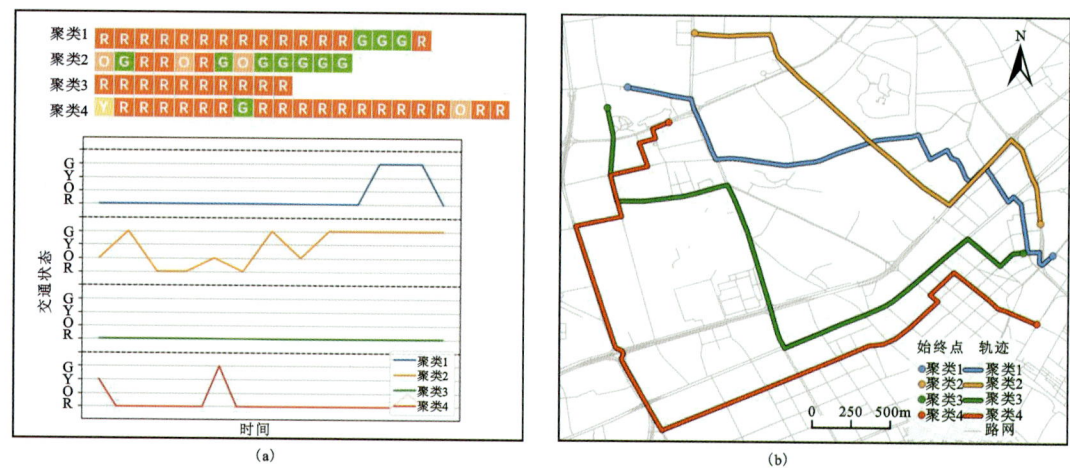

图 7.9 交通高峰期 A 区和 B 区之间行程聚类中心的驾驶节奏序列(a)和轨迹图(b)

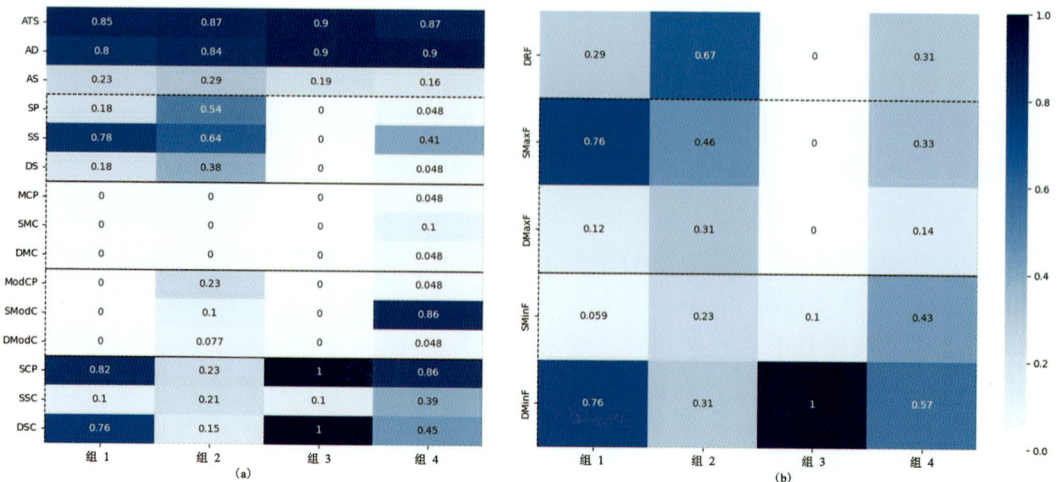

图 7.10 中距离交通高峰时段路线选择特征值分布(a)与驾驶风格特征值分布(b)

看重驾驶的安全和舒适性。他们采用慎重的驾驶模式,这不仅减少疲劳,还有助于保持高度专注。

(2)组 2 的行程在时间和距离性能方面居中,但速度性能显著出众。此外,该组行程在畅通状态比例和最长畅通状态持续时间上位居前列,而严重拥堵状态比例和最长拥堵状态持续时间最低。这表明该组司机更注重速度性能,愿意为高速畅通的驾驶体验而牺牲时间和距离性能。然而,在驾驶风格方面[图 7.10(b)],组 2 的行程表现出极高的驾驶风格波动,尤其是在行程接近结束时的持续加速和减速,而整体驾驶风格波动相对较小。表明该组司机不太关心驾驶的舒适度和连贯性,他们愿意忍受频繁的速度变化以维持高速驶向目的地。综合上述特征可以发现,组 2 的司机可能更倾向于刺激和冒险,更喜欢快速驾驶。此外,他们可能拥有更丰富的驾驶经验,使他们更能够适应频繁的速度变化。

(3)组 3 的行程在时间性能和距离性能方面相比其他组维持微弱优势,速度性能的表现相对中等。关于交通状态,该组行程一直在中度拥堵状态下。在驾驶风格方面[图 7.10(b)],组 3 的行程表现出极为稳定的驾驶风格,行程全程几乎没出现驾驶风格波动(DRF 接近于 0)。表明该组司机更注重行程的效率和舒适性,而不太在意速度体验和交通状态。此外,这类司机可能对所选路线非常熟悉,对其充满信心,知道即使在重度拥堵情况下,仍能以高效和稳定的方式抵达目的地。

(4)组 4 的行程在距离性能方面表现出色,但在时间性能和速度性能上相对较差。此外,该组行程经历了较大比例的重度拥堵状态,并在拥堵情况中夹杂其他交通状态。在驾驶风格方面[图 7.10(b)],组 4 的行程呈现出较高的驾驶风格波动,但连续波动的持续时间相对较短,而连续平稳的持续时间较低。这说明该组司机更注重行驶距离。他们倾向于选择最短的路线,并频繁加速或减速。这种驾驶风格波动可能反映出他们急躁的驾驶心理,追求更高速和通畅性,尽管在拥堵情况下可能难以实现。

7.3.4 长距离组分析

本节考察了远距离场景下区域 A 和区域 C 间在交通高峰期的行程数据,即实验组 1。图 7.11 展示了实验组 1 中每组的聚类分布。图 7.12 展示了实验组 1 的 4 个聚类结果的中心驾驶风格序列和交通状态变化[图 7.12(a)],及相应行程的轨迹示意图[图 7.12(b)]。

图 7.13 呈现了实验组 1 中不同聚类组的路径选择特征[图 7.13(a)]和驾驶风格特征[图 7.13(b)]值的分布。根据这些特征值,分别对 4 组的路径选择偏好和驾驶风格特征展开具体分析。

(1)组 1 中的行程在时间性能、距离性能和速度性能上均表现出色,尤其在距离性能方面远超其他 3 组,然而,该组行程全程都处于中度拥堵状态。这暗示组 1 的司机更偏好较短的路程,而不太在意交通状况。就驾驶风格特征来看[图 7.13(b)],组 1 的行程表现出稳定的驾驶风格,DRF 接近于 0,几乎没有出现驾驶风格的波动。这说明组 1 的司机更注重驾驶的舒适性,倾向于维持平稳的驾驶风格。综上所述,组 1 的司机更注重行程距离和安全性,可能对路线非常熟悉,能够巧妙地利用较短的路程来弥补交通状态引起的时间损失,并更愿意以安全舒适的驾驶风格来提高驾驶体验。

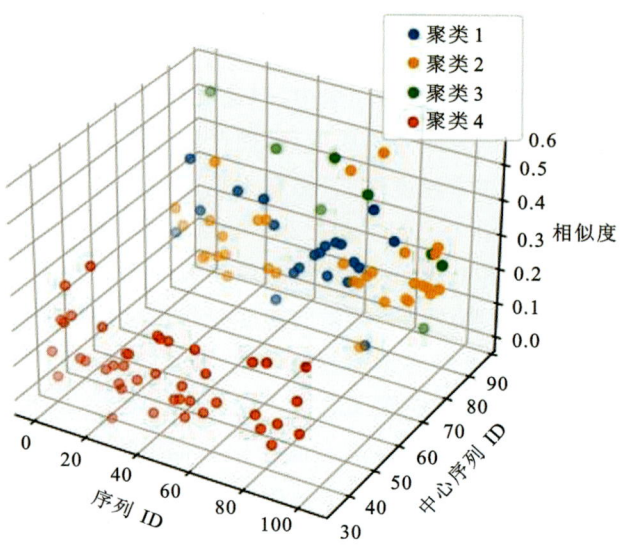

图 7.11 长距离交通高峰时段驾驶节奏序列的聚类效果

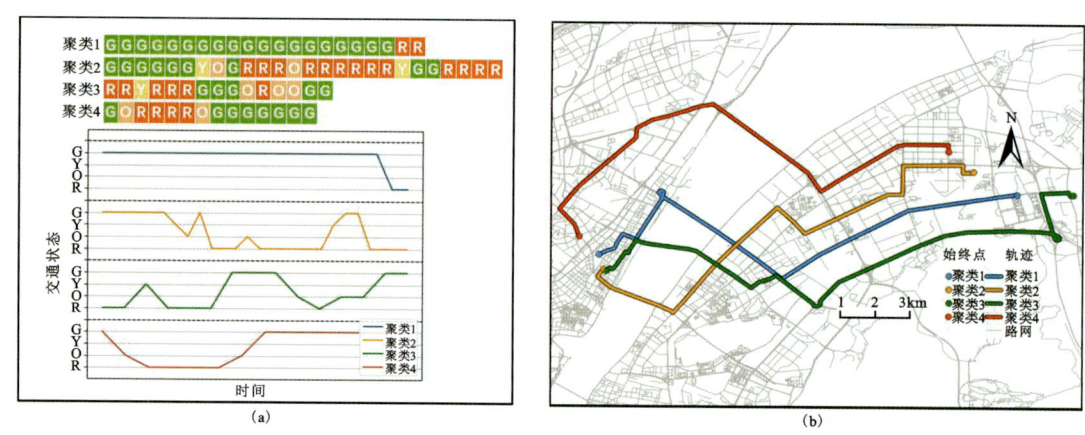

图 7.12 交通高峰期 A 区和 C 区之间行程聚类中心的驾驶节奏序列(a)和轨迹图(b)

(2)组 2 的行程在平均时长和平均距离方面较其他 3 组要高,但速度性能却较优。组 2 的行程中畅通状态占比相对较低。行程开始时,频繁的交通状态切换中包含较长的畅通状态,然而,随着行程的进行,交通状况开始逐渐恶化,严重拥堵状态占比升高,且持续时间相对较长。这说明组 2 的司机更偏好高速畅通的驾驶体验,甚至愿意在时间性能和距离性能上做出牺牲。从驾驶风格特征来看[图 7.13(b)],组 2 的行程表现出较高的驾驶风格波动度,驾驶风格变化频繁。最大的波动出现在行程初期,而随着行程的进行,驾驶风格逐渐趋于平稳。这表明组 2 的司机更倾向于急躁的驾驶风格,可能是因为他们希望尽早摆脱拥堵或避免受到拥堵状态的干扰。然而,随着行程的进行,他们可能逐渐适应了交通压力,采取了更加谨慎和稳健的驾驶方式。上述信息表明组 2 的司机更注重驾驶的速度体验和流畅性,尤其在行程初期,但在面对不可避免的交通拥堵时,他们也会采取更为保守的驾驶方式。

(3)组 3 中的行程在时间性能和距离性能方面表现出中等水平,但在速度性能方面明显

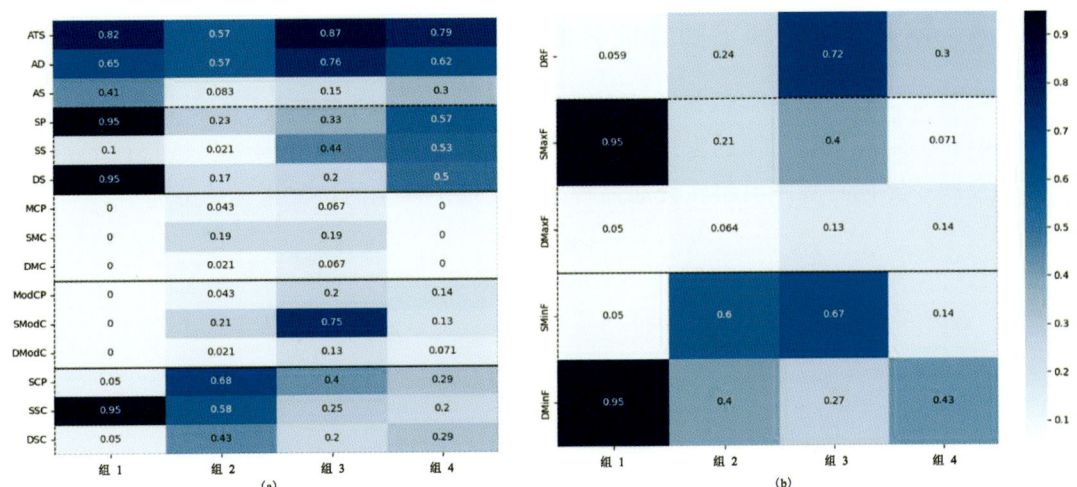

图 7.13　长距离交通高峰时段路线选择特征值分布(a)与驾驶风格特征值分布(b)

优于其他 3 组。这表明组 3 的司机更注重高速畅通的驾驶体验,愿意在时间和距离性能上做出一些妥协。组 3 的行程中畅通状态占比最高(55.56%),而严重拥堵状态占比最低(33.33%)。此外,畅通状态的持续时间也最长,而严重拥堵状态的持续时间最短。这进一步突显了他们的偏好。但值得注意的是,组 3 的行程表现出较高的驾驶风格波动,这种波动较长。尽管在整体驾驶风格方面波动较小,但仍有规律的周期性变化。这说明组 3 的司机不太在意驾驶的舒适度和节奏连续性,愿意忍受频繁的加速或减速,以维持高速行驶。这些信息表明组 3 的司机更倾向于追求快速、充满刺激的驾驶体验,可能更喜欢冒险,同时也可能更有经验,能够熟练地应对不断变化的交通情况,使他们更容易适应频繁的驾驶风格变化。

(4) 组 4 的行程在时间、距离和速度性能方面表现出中等水平,其交通状态一直维持在严重拥堵状态,直到行程即将结束时才略有改善。与此同时,在驾驶风格特征方面,组 4 的行程驾驶风格波动较少,仅在行程末段短暂出现了驾驶风格波动。这说明与组 1 相比,组 4 的司机更注重驾驶风格的平稳性和潜在的行车安全,更愿意保持相对稳定的驾驶风格。他们倾向于避免在高度拥堵的交通中面临行车风险或交通事故,这也表明他们在路径选择和驾驶中更为谨慎和保守。

根据上述信息,我们可以得出以下结论:

(1) 组 2 和组 3 的司机均更加注重行程的速度体验和畅通状态,表现出较为急躁的驾驶心态。在面临较大的交通压力时,组 2 的司机显得较为谨慎和保守,而组 3 的司机可能具备更为丰富的经验,能够通过频繁的驾驶风格变化来维持较快的行驶速度。

(2) 组 1 和组 4 的司机似乎更加注重驾驶的安全性和舒适度,偏好平稳的驾驶风格。组 1 的司机能够有效地利用较短的行驶距离来弥补因交通状态造成的时间损失。相比之下,组 4 的司机在路径选择和驾驶过程中表现得更加谨慎和保守。

综上所述,不同群体的司机在驾驶心态、路径选择和驾驶行为上存在显著的差异。这些发现有助于我们更好地理解不同类型司机的驾驶习惯和行为特征,为交通管理和安全宣传提供有针对性的建议。

7.3.5 不同交通时期下的特征分析

本节以每个实验组中行程数量最多的组为样本讨论不同交通时期(交通高峰期和平峰期)的驾驶行为差异。图 7.14 的雷达图的各维度代表了路径选择和驾驶风格特征的指标值，多边形则反映了不同行程距离组在交通高峰期与交通平峰期的特征指标值分布。

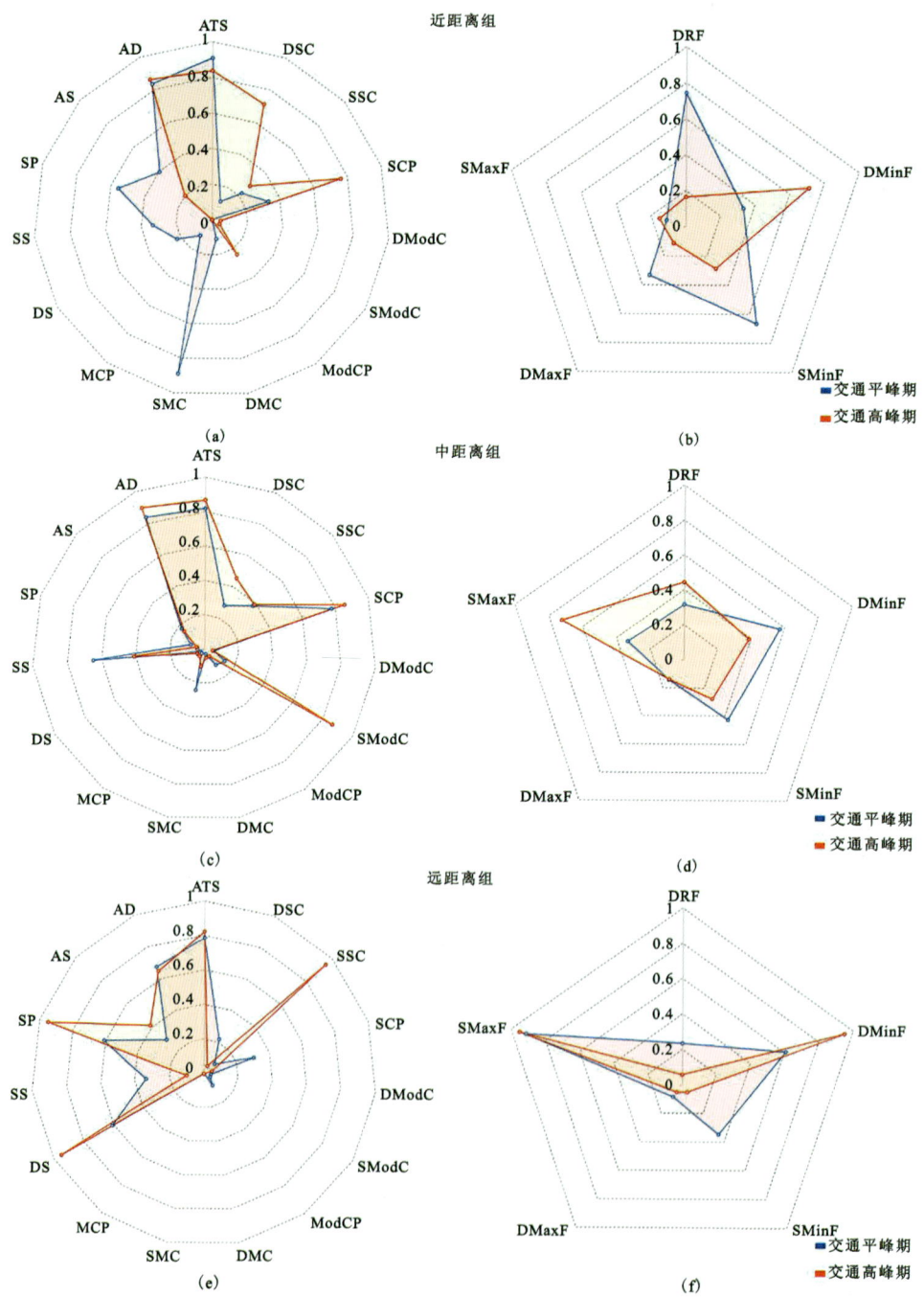

图 7.14　不同距离组在高峰时段的路线选择模式和驾驶节奏模式的特征值分布

由图 7.14(a)、图 7.14(c)和图 7.14(e)可以看出,在路径选择特征方面,近距离组[图 7.14(a)]交通平峰期的时间性能和速度性能优于交通高峰期,距离性能差于交通高峰期但差异极小(仅差 0.03)。并且近距离组中交通平峰期畅通状态占比(SP)远优于交通高峰期,交通高峰期严重拥堵状态占比(SCP)远高于交通平峰期(差值达到 0.43)且严重拥堵状态持续时间长(DSC)。这说明在短途出行的场景下,可选择的路线较少,交通高峰期出行可能难以避免拥堵。在中距离组中[图 7.14(c)],交通高峰期的时间性能和距离性能优于交通平峰期,速度性能劣于交通平峰期,但这 3 方面指标差异均较小(ATS 差值为 0.05,AD 差值为 0.06,AS 差值为 0.02)。此外,交通高峰期严重拥堵状态占比高于交通平峰期,且严重拥堵状态持续时间长。这说明随着行程距离的增加,驾驶人可选的路线变多,并且趋向于选择行驶速度较快且较畅通的路线。但这种路线不一定是最短的路线或最快到达的路线。在远距离组中[图 7.14(e)],交通高峰期的时间性能和速度性能优于交通平峰时期,距离性能劣于交通平峰期,但这时间性能和距离性能差异较小(ATS 差值为 0.04,AD 差值为 0.03)。此外,交通高峰期畅通状态占比高于交通平峰期,且畅通状态持续时间长。这说明在长途出行的场景下,驾驶人同样愿意选择行驶速度较快且畅通的路线,而不太在意行驶路程的小幅度增长。上述结果表明在交通高峰时期多数驾驶人更加关注行驶速度和道路畅通状态,更愿意选择能保持相对较高速度并畅通无阻的路线,以减轻驾驶时的焦虑感和不适感。此外,人们更容易根据他们感知到的信息来作决策。驾驶者更容易通过视觉即时感知行驶速度和道路通畅程度,而行程通行时间和距离通常不太容易被直接感知。这种即时感知现象也会体现在驾驶风格中。

在驾驶风格特征方面[图 7.14(b)~(f)],在近中远 3 组对照实验中,交通平峰时期驾驶节奏波动(DRF)均高于交通高峰时期,并且交通高峰时期的驾驶节奏均保持长时间稳定。说明交通平峰时期驾驶的自由度更高,驾驶员可能会更加积极地执行驾驶操作(如加速、减速、变道等)以优化行驶效率或驾驶体验。而交通高峰时期由于拥堵严重,驾驶人可能需要更加谨慎地驾驶,并且不得不保持相对稳定的车速,以降低驾驶风险。

结合路径选择特征与驾驶风格特征可以发现,不同交通时期驾驶人会采取不同的驾驶行为。在交通平峰期,驾驶人较少受到交通拥堵的困扰,驾驶的自由度高,驾驶人可能更注重驾驶体验(如较快的行驶速度)而不太在意路线规划(如选择更近或更快到达的路线)。但在交通高峰时期,由于交通拥堵严重,驾驶人趋向于选择行驶速度更快、更畅通的路线,以获得更高的驾驶自由度。

7.3.6 不同旅途长度下的特征分析

本节以每个实验组中行程数量最多的组为样本讨论不同行程距离下路径选择模式与驾驶风格模式的差异。图 7.15 展示了不同行程距离下路径选择模式与驾驶风格模式的差异。

在路径选择特征方面,由图 7.15(a)和图 7.15(c)可以看出,近距离组的时间性能和距离性能在交通高峰期和交通平峰期均优于其他 2 组,但与中距离组差异较小(交通高峰期 ATS 差值为 0.04,AD 差值为 0.01;交通平峰期 ATS 差值为 0.03,AD 差值为 0.01)。而在速度性能和畅通状态占比上,远距离组往往表现最佳(交通高峰期 AS 为 0.40,SP 为 0.95;交通平峰期 AS 为 0.40,SP 为 0.60)。此外,中距离组通常严重拥堵状态占比最大(交通高峰期占比为

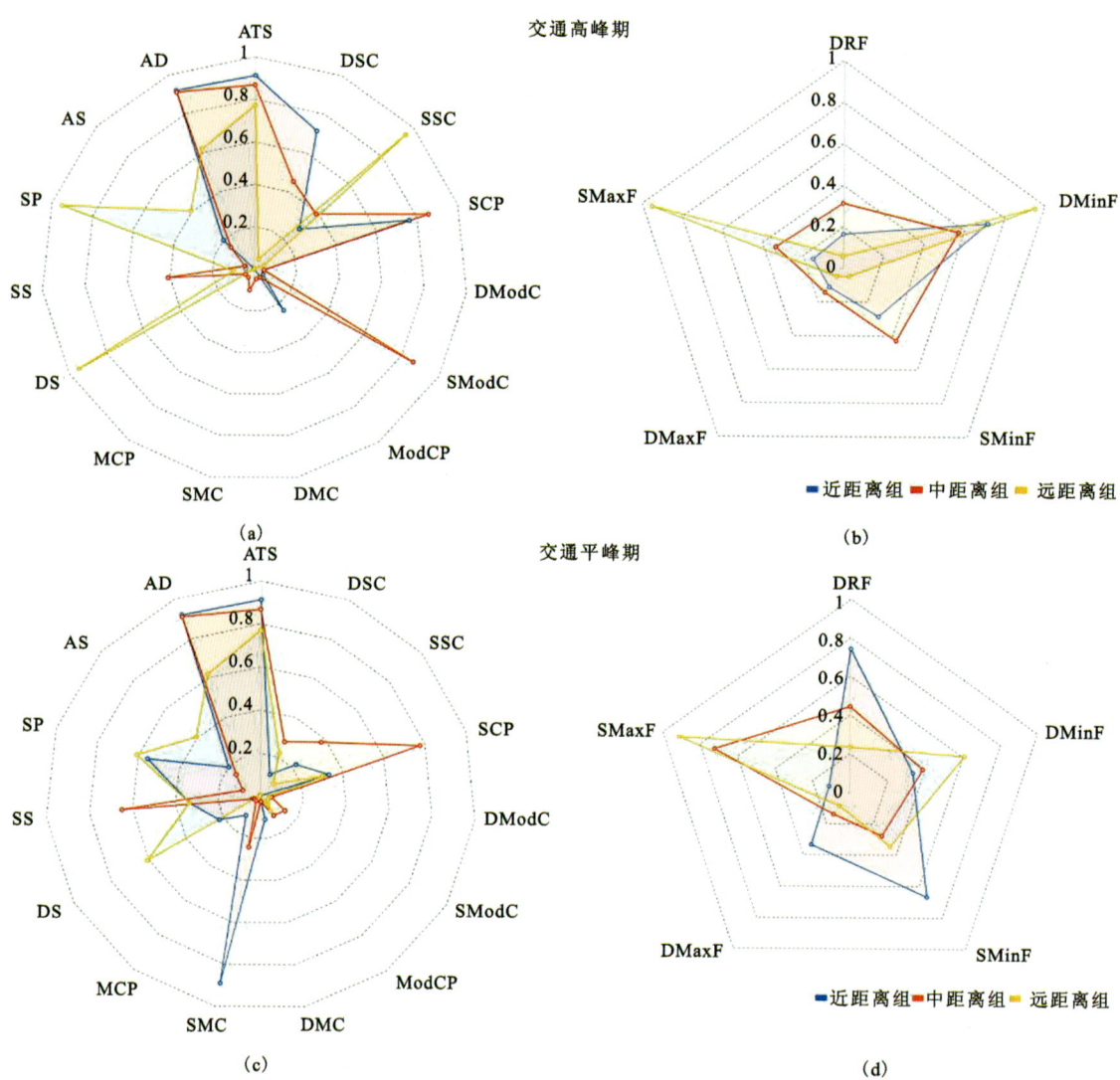

图 7.15 中距离交通高峰时段路线选择模式特征值分布与驾驶节奏模式特征值分布

85%,交通平峰期占比为 77%)。上述现象说明,短途出行时驾驶人可能趋向于选择耗时最短或路程最短的路线,以更快到达目的地。但随着出行距离的增加,如果驾驶人仍趋向于选择耗时最短或路程最短的路线,行程受到交通拥堵的影响将会逐渐增大。因此,在长途出行中,驾驶人可能更注重驾驶速度体验,而不在意路线长度。此时驾驶人可能会选择绕路或驶上高速公路,以避开交通拥堵或道路限制(如限速、交通灯等)。

而在驾驶风格方面,如图 7.15(b),图 7.15(d)所示,中距离组在交通高峰期的驾驶节奏波动度最大(DRF 为 0.31),并且持续波动时间最长。中距离组在交通平峰期的驾驶节奏波动度与交通高峰期相近。近距离组在交通平峰期的驾驶节奏波动度最大(DRF 为 0.74),并且持续波动时间最长。而远距离组在交通高峰期和平峰期的驾驶节奏波动都最小(交通高峰期 DRF 为 0.06,交通平峰期 DRF 为 0.23)且持续平稳时间都最长。上述现象说明,在短途出行中,驾驶人在交通平峰期的驾驶自由度更高,可以随时调整自己的驾驶节奏以获得更好的驾驶体验。而在中距离出行中,由于交通受拥堵影响较大,驾驶人可能对交通拥堵的接受程度较低,因此通过不断执行驾驶操作优化行驶效率,表现出较激进的驾驶风格。在长途出行中,驾驶人可能更愿意保持平稳的驾驶节奏,以提高驾驶的舒适度并减轻驾驶疲劳。

结合路径选择特征与驾驶风格特征可以发现,不同行程距离下驾驶人同样会采取不同的驾驶行为。在短途出行中,驾驶人可能更倾向于选择直观上最快捷的路线,并且有较高的驾驶自由度。随着行驶距离的增加,驾驶人若仍然保持选择直观最快捷的路线,可能会受到更多交通拥堵的困扰,并降低驾驶的舒适度,从而产生急躁心理。若在长途出行中调整路线选择策略,虽然会增加行驶距离,但可以获得更好的速度体验和驾驶舒适度。

7.4 本章小结

本章针对现有驾驶行为的综合分析类方法的解释性较弱,且缺乏有效的精细分析手段的问题,提出了一种基于综合的驾驶行为分析框架。该框架从路径选择偏好和驾驶风格两方面特征,更细粒度、更全面地解释驾驶行为。具体来说,一方面,为了细粒度表征轨迹中交通时空状态及其变化,将轨迹映射为型如 DNA 序列的 DRS。基于 K-DRF 基本序列单元提取出 DRS 中的关键特征,并识别最长驾驶风格特征相似子序列来度量 DRFS 间的相似性,进一步地,使用 K-means 聚类方法挖掘 DRFS 中的共性驾驶行为模式。另一方面,基于 DRS 建立了路径选择偏好和驾驶风格两个维度的指标集,以更细致粒度的量化分析驾驶轨迹中蕴含的驾驶员的驾驶行为特征。

本章在武汉市出租车 GPS 轨迹数据集上对所提框架进行验证,发现了驾驶人在不同时段(交通高峰期和交通平峰期)和不同距离时呈现出的路径选择偏好和驾驶风格的特征。这些发现进一步证实了提出的分析框架的有效性。所提框架为深入理解驾驶行为决策特征提供了关键工具。通过细致分析 DRS 的路径选择偏好和驾驶风格特征,可以让人们更全面地洞察驾驶者在不同环境和时段下的行为模式,从而为改善驾驶者体验和优化交通系统运行提供了具体而有针对性的参考。

第8章 道路交叉口风险经验计算

8.1 研究背景

城市道路交叉口由于在混合交通流中具有复杂的时空性和多模态特征,蕴藏着大量的交通冲突和交通风险。城市道路交叉口的交通风险一直是交通安全的重要问题。在发达国家和发展中国家,与十字路口相关的交通事故占所有报告的交通事故的20%~45%。在此背景下,交叉口的交通风险评估旨在识别和测量交叉口场景中潜在的安全隐患,这对于诊断交通安全问题、改善交通状况和确保道路使用者的人身安全具有重要意义。本章探索导航过程中的交叉口通行风险经验知识。

现有面向道路交叉口的风险分析方法和手段侧重于整个交叉口风险或交叉口内有限离散位置的风险,对于道路交叉口的风险决策具有以下局限性:①现有方法忽略了非冲突点的任意交叉口区域的风险扩散效应。根据地理学第一定律,本区位的交通风险可能会扩散到周边地区,即一定冲突点范围内的道路使用者可能会受到影响,从而增加其交通风险。②现有方法通常侧重于从特定角度描述交叉口的风险,例如面向交叉口整体、面向离散冲突点或局部区域,以及困境区域-交叉口前方的区域等。考虑到构成现实世界对象的特征和描述往往沿着观测尺度定义的梯度变化,多维风险评估指标急需探索,以满足交叉路口不同尺度不同场景下公众的个性化和多样化需求。针对这些局限,本章旨在刻画考虑风险扩散的交叉口风险的空间场分布和时间动态特性,建立新型的交通风险扩散模型和多维风险评价体系,帮助互动密集的交叉口内交通个体制订安全交通策略。

8.2 研究方法

8.2.1 方法框架

本章根据风险形成过程的动态和扩散性质以及交叉口评估的层次特征,提出了考虑风险扩散的交叉口交通风险的层次评估框架。如图8.1所示,该框架由3个要素组成,即交通冲突的识别和风险量化、基于高斯羽流扩散模型的特定路径风险扩散以及三级系统风险评估,为十字路口的任意区域提供风险量化工具,以支持出行风险指导,并克服一维评估的局限性。

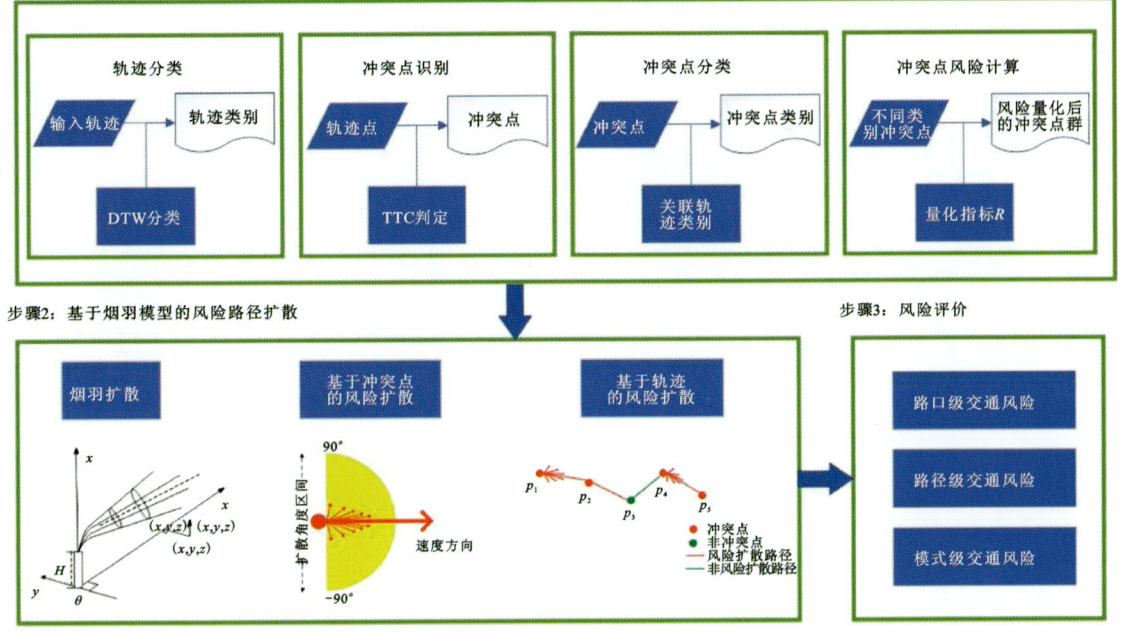

图 8.1 方法总体框架

8.2.2 冲突计算与关联模式识别

鉴于交通冲突代表交叉口的典型交通风险,识别交通冲突点是交叉口风险评估的前提和基础。然后,通过整合交通冲突的频率和严重程度来加权构建交通风险指数 R,并用 R 来量化交通冲突点处的交通风险。

8.2.2.1 轨迹模式分类

轨迹聚类方法用于对输入轨迹进行分类,并识别冲突点所在的轨迹类型,如图 8.2 所示的道路交叉口通行模式,作为与冲突点相关的模式。具体来说,本研究使用动态时间扭曲(dynamic time warping,DTW)技术和轨迹之间的相似性对轨迹进行分类。DTW 的思想是自动扭曲两个序列,在时间轴上执行局部缩放和对齐,使它们的形状尽可能一致,以获得最大可能的相似性,不需要输入轨迹的长度近似相等。DTW 对两个轨迹的点进行多对多映射,从而有效解决了数据不均匀的问题,如图 8.3 所示。动态规划的计算原理如式(8.1)所示。

$$d_{\text{DTW}}(tr_1,tr_2) = \begin{cases} 0, \text{if } n=0 \text{ and } m=0 \\ \infty, \text{if } n=0 \text{ or } m=0 \\ d_{\text{DTW}}(\text{Head}(tr_1),\text{Head}(tr_2)) + \min \begin{cases} d_{\text{DTW}}(tr_1,\text{Rest}(tr_2)) \\ d_{\text{DTW}}(\text{Rest}(tr_1),tr_2), \text{other} \\ d_{\text{DTW}}(\text{Rest}(tr_1),\text{Rest}(tr_2)) \end{cases} \end{cases} \quad (8.1)$$

式中：Head(tr)表示轨迹tr的第一点；Rest(tr)表示除了第一个点之外的tr的所有轨迹点的子序列。

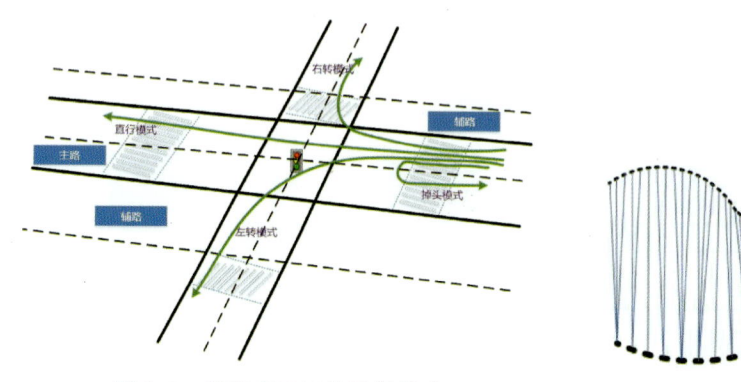

图 8.2 道路交叉口的通行模式

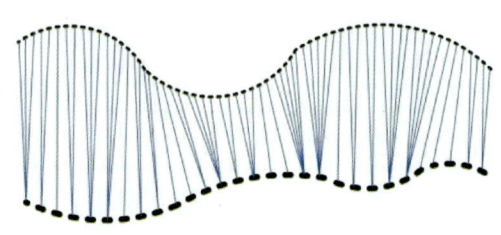

图 8.3 DTW 示意图

8.2.2.2 冲突点识别

为了识别发生交通冲突的轨迹点，使用碰撞时间（time to collision，TTC）来测量两辆车是否存在潜在的交通冲突。交通冲突分析技术被视为一种有效的替代安全评估方法，以确定未遂事故的频率和严重程度。为了进一步客观地量化交通互动的严重性，Amundsen 和 Hayden(1977)将交通冲突重新定义为一种可观察的情况，即两个或多个道路使用者在空间和时间上彼此接近，如果他们的移动保持不变，则有发生碰撞的风险。一些研究通过量化参与道路使用者的空间和时间接近度，并制定各种冲突指标，来衡量交通冲突的严重程度。其中，常用的交通冲突指标是碰撞时间（TTC）。

定义 1：碰撞时间（TTC）表示两辆行驶中的车辆在保持运动状态一段时间内不受任何外力干扰的情况下发生碰撞的时间。也就是说，如果两辆即将发生碰撞的车辆继续以当前速度在同一道路上行驶，直到发生碰撞，计算式(8.2)如下

$$\text{TTC}_i(t) = \begin{cases} \dfrac{X_{i-1}(t) - X_i(t) - L_{i-1}}{V_i(t) - V_{i-1}(t)} & V_i(t) > V_{i-1}(t) \\ \infty & V_i(t) < V_{i-1}(t) \end{cases} \quad (8.2)$$

式中：$\text{TTC}_i(t)$表示目标（跟随）车辆在时间t的碰撞时间；$X_i(t)$表示目标（跟随）车辆在时间t的位置；$V_i(t)$表示目标（跟随）车辆在时间t的速度；L_{i-1}表示前车的车身长度。

在冲突分析技术在道路交通中的应用中，TTC 通常被用作测量标准，2.5s 被用作判断冲突是否有效的时间标准。即对于 TTC 大于 2.5s 的交通交互事件，认为不构成冲突；对于 TTC 小于 2.5s 的交通交互事件，它被识别为冲突。在本章中，从输入轨迹点中选择发生交通冲突的轨迹点，并将其识别为冲突点。

8.2.2.3 冲突点分类

位于不同轨迹上的交通冲突点的严重程度不同。从量化冲突点之间的差异的角度出发，本研究根据冲突点所在的轨迹类别对冲突点进行分类。本研究使用轨迹之间的相似性来衡

量点之间的风险相似性,因为相似轨迹中的轨迹点之间的风险相似性相对较高。因此,本研究采用输入轨迹的类别作为冲突点的类别来区分冲突点。

8.2.2.4 冲突点风险值计算

为了量化交通冲突的风险,需要计算每个冲突点的风险值。我们根据交通冲突的频率和严重程度定义了一个综合风险指数(R)。在本节中,我们使用 TTC 来判断冲突是否存在,并计算相同类型冲突点的冲突频率。TTC 值小于给定阈值的任何车辆对都被视为危险行为。然而,与 TTC 相关的风险的严重性并不明显。为了进一步评估冲突的严重性,可以使用 SI 将同类型冲突点的最小 TTC 映射到严重性指数。

定义 2:交通冲突严重性指标(SI)是评估发生的交通冲突严重程度的指标,其计算如下:

$$\mathrm{SI} = \mathrm{Exp}\left(\frac{-\mathrm{TTC}_{\min}^2}{2\sigma^2}\right) \tag{8.3}$$

式中:$\mathrm{TTC}_{\min}$ 表示最小碰撞时间;σ 是归一化常数,一般为 1.5s。

鉴于交通冲突点风险的频率和严重程度对交叉口风险评估具有相似的影响,本研究使用 Fr 和 SI 以平均加权方式构建 R 交通风险指标。R_i 表示第 i 类冲突点的交通风险值,如式(8.4)所示。

$$R_i = \alpha \times \mathrm{Fr}_i + \beta \times \mathrm{SI}_i \tag{8.4}$$

式中:Fr_i 表示第 i 类冲突点的交通冲突频率;SI_i 表示第 i 类冲突点的交通冲突严重程度。Fr_i 和 SI_i 的权重(α、β)由其对交通风险的影响程度决定。在本实验中,α 和 β 分别设为 0.5 和 0.5 以平衡两者的影响。此外,在明确 Fr_i 和 SI_i 的影响后,用户可以根据应用程序的具体需要选择不同类型的参数 α 和 β 设置。

8.2.3 基于烟羽模型的风险扩散模型

交叉口是多个交通对象构成的一个与运动相关的系统,局部变化可能导致系统发生变化,从而影响其他个体的运动。当交通冲突发生在道路交叉口的某处时,它不仅影响交通冲突中涉及的对象,还会影响周围的对象。类似地,冲突对象所在的区域也会影响相邻区域的交通。正是由于交通的相互关联和相互作用的特点,当发生交通冲突和交通风险时,交叉口将产生一定范围的潜在风险区域。这一特征在本研究中被称为交通风险扩散,可用于指导更准确地评估交叉口内的实际风险分布。

8.2.3.1 烟羽扩散模型

受地理第一定律的启发,交通风险可以在交叉口的物理空间中向任何方向扩散,因此我们引入了烟羽扩散模型来拟合交通风险沿运动方向的扩散特征,其中交通冲突点作为交通风险的来源,以风险扩散为指导,计算交叉口中任何位置的风险。烟羽扩散模型最初是气体污染物扩散的扩散模型。该模型假设污染物浓度在 y 轴和 z 轴上的分布服从高斯正态分布,并且污染源的源强度是连续和均匀的。在水平方向上,大气扩散系数是各向同性的。以平均风速的方向作为 x 轴,风速的大小和方向在整个扩散过程中保持不变,不会随位置或时间而改变。使用式(8.5)计算指定位置的污染浓度(c,单位为 kg/m³)。

$$c(x,y,z,H) = \frac{\delta}{z\pi\mu\sigma_y\sigma_z}\exp\left(-\frac{y^2}{2\sigma_y^2}\right)\left\{\exp\left[-\frac{(z-H)^2}{2\sigma_z^2}\right]+\exp\left[-\frac{(z+H)^2}{2\sigma_z^2}\right]\right\} \quad (8.5)$$

式中:δ 表示源强度(kg/s);μ 表示泄漏高度处的平均风速(m/s);σ_y、σ_z 分别表示 y、z 轴上的扩散系数,它们表示为浓度的标准偏差。H 表示有效泄漏高度(m)。x、y 和 z 轴分别表示空间笛卡尔坐标系的三维。

8.2.3.2 基于点的风险扩散

根据细胞传输模型的原理,动态交通流可以解释为移动物体(例如车辆、行人)轨迹密度分布的变化。在这种变化的过程中,与交通冲突点相关的风险也会随之扩散。同时,根据地理第一定律,我们假设交通风险在空间上是相关的。为了模拟交通风险扩散过程,本研究将风险扩散视为污染物,并模拟污染物向周围环境扩散的过程。考虑到交通风险扩散的方向性特征,本研究引入了烟羽扩散模型来模拟交通风险沿车辆运动方向进行传播。如图8.4(a)所示,烟羽模型使用水平方向的风向来驱动烟雾扩散,本研究使用交通个体的运动速度驱动交通风险扩散,扩散路线沿着交通个体的运动轨迹,轨迹按轨迹点分为多段路径,每段起始点若为冲突点则为风险扩散路段,反之则为非风险扩散路段,如图8.4(b)所示。在本研究中,交通风险值被用作扩散指数。烟羽模型的扩散过程在三维空间中进行。在本研究中,不考虑垂直方向上的扩散,但仅限于二维平面空间。交通风险的扩散方向设置在以速度方向为主的180°范围内。使用式(8.6)计算交通风险(c)。

$$c(x,y) = \frac{\delta}{z\pi\mu\sigma_y}\exp\left(-\frac{y^2}{2\sigma_y^2}\right) \quad (8.6)$$

式中:δ 表示扩散源的风险强度;μ 表示原始道路对象的速度;σ_y 表示扩散系数。

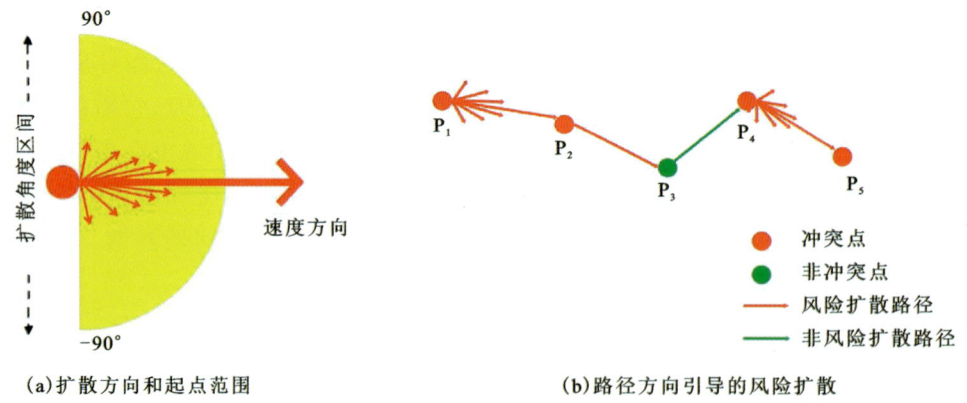

(a)扩散方向和起点范围　　　　　　(b)路径方向引导的风险扩散

图 8.4　风险扩散示意图

8.2.3.3 风险场

本节通过对基于烟羽扩散模型的交通风险扩散模型对冲突点的风险值沿运动方向传播后获得的关键风险值进行插值,来模拟空间连续风险场。如图8.5所示,鱼网的一个单元由三元素元组表示,包括交通风险值$c(x,y)$和网格单元质心的位置属性(x,y)(经度和纬度坐标),如式(8.7)所示。基于具有交通风险值的所有单元格,定义风险域以反映道路交叉口的风险分布,如式(8.8)所示。本研究收集具有风险值的单元格,从而获得网格单元格的质心数据集。风险场(RF)是通过点集以及克服不均匀密度分布的典型插值算法(例如,距离加权IDW方法)构建的。因此,通过使用烟羽模型和空间插值算法,我们对道路交叉口内的风险扩散现象进行建模,并捕捉风险分布的特征,以获得道路交叉口风险场的表示。

$$\text{Cell}_i = [\ x\ ,\ y\ ,\ c(x,y)] \tag{8.7}$$

$$\text{RF} = (\{\text{Cell}_1, \text{Cell}_2, \cdots, \text{Cell}_n\}, \text{interpolationAlgorithm}) \tag{8.8}$$

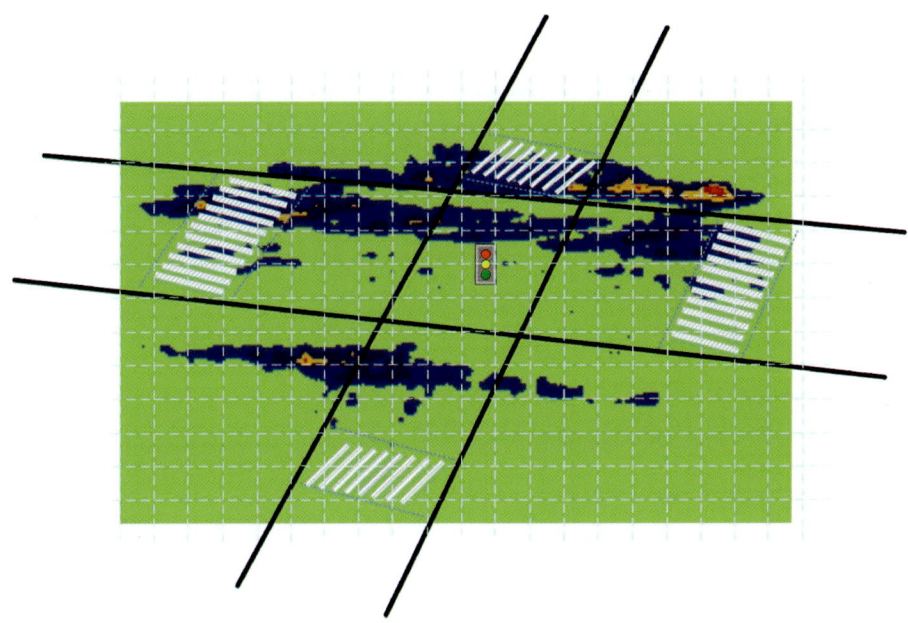

图 8.5 交叉口风险场示意图

8.2.3.4 基于路径的风险扩散

如图 8.6(a)所示,本研究通过轨迹路径和风险场数据的叠加分析,为基于路径的风险而建立的道路交叉口风险场中提取沿着轨迹的风险值。如图 8.6(b)所示,通过分析和测量,执行路径匹配,并沿着曲线创建与风险值度量的路径匹配。

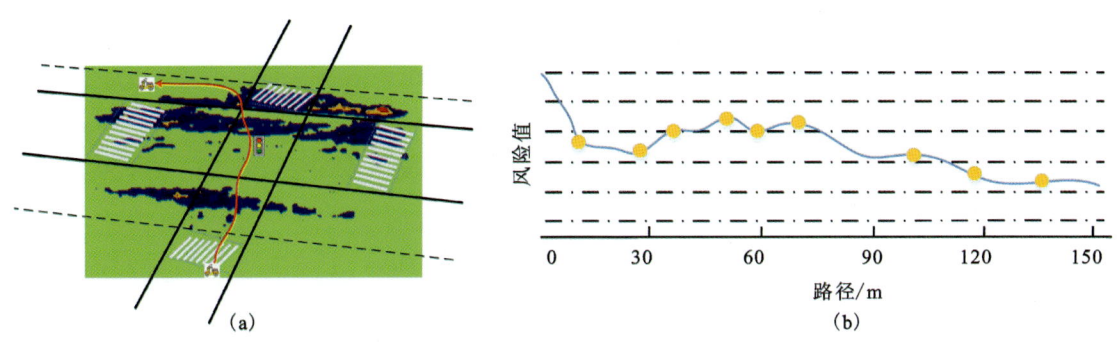

图 8.6 基于风险域的路径风险分析

8.2.4 三级风险评价体系

风险评估旨在判断交通风险水平,即使用多维风险评估策略量化交通风险的严重程度。本章从 3 个方面进行交通风险评估:基于整个交叉口的道路交叉口等级风险评估;基于道路使用者的单个移动轨迹的路径级别风险评估;基于通行模式的模式水平风险评估。通行模式是根据交叉路口的转向聚合多个运动轨迹形成的组。这是从 3 个方面进行的综合评估,从整体到个体,再到由同一类别的多个个体组成的群体。

8.2.4.1 路口级交通风险评价指标

基于道路交叉口等级的交叉口总体风险评估从整个道路交叉口区域的角度出发。考虑到道路交叉口的空间特征,我们使用交通风险扩散面积率作为交叉口层面的交通风险评估指标。也就是说,以风险值 P 作为阈值,交叉口子区域中所有位置的风险值都大于或等于 P 的为风险区域,风险值小于 P 的区域是安全区域,计算具有交通风险的子区域的累积面积以获得交叉口内的交通风险扩散面积,除以交叉口总面积得到扩散面积率。使用式(8.9)计算道路交叉口的风险扩散面积(S_{risk})。

$$S_{\text{risk}} = \frac{\sum s_i}{S} \text{if } s_{i.\text{risk}} \geq P \tag{8.9}$$

式中:S_{risk} 表示交通风险扩散面积率;S 表示交叉口总面积;s_i 表示子区域 i 的面积;$s_{i.\text{risk}}$ 表示子区域 i 的交通风险值;P 表示交通风险的阈值。

8.2.4.2 路径级交通风险评价指标

基于路径级别的交通风险评估从单个移动对象的局部角度出发。在穿过交叉口的过程中,单个交通个体始终面临交通风险。当路线上每个点的交通风险值稳定且较低,但经过的路线较长且暴露于潜在风险的时间较长时,整个路线的交通风险也可能较高。如果路线各点的交通风险波动较大,峰值较高,但通过路线较短,潜在风险暴露时间较短,则整个路线的交通风险也可能较低。因此,在评估通过交叉口的单个物体的交通风险时,仅测量路径沿线的交通风险峰值是远远不够的,它还应与通过路径的长度和通过时间有关。为此,本研究使用计算曲线积分的方法来评估单个物体在路径水平上的交通风险。通过这种方式,可以实现路径级风险的准确评估。使用以下式(8.10)计算轨迹 j 的交通风险(RL_j),并将其归一化为 $1\sim100$ 之间。

$$RL_j = \frac{\int R_{(x_j,y_j)}}{\alpha t + \int R_{(x_j,y_j)}} \times 100 \tag{8.10}$$

式中:RL_j 表示轨迹 j 的交通风险;$R_{(x_j,y_j)}$ 表示轨迹 j 上的轨迹点 (x_j,y_j);t 表示通行时间;α 表示调整系数。

8.2.4.3 模式级交通风险评价指标

实际行驶路径集合代表交叉口特定通行模式下的轨迹选择,模式级交通风险评估旨在定量评估道路交叉口特定通行模式下的风险。评估一组行驶轨迹的交通风险水平可以反映转弯模式的交通风险级别。在本章中,使用具有相同类型通行模式的行驶轨迹的平均交通风险来评估通行模式的交通风险。使用式(8.11)计算交叉口转弯模式 i 的交通风险值(RM_i)。

$$RM_i = \text{mean}\left(\sum_{j=1}^{n} R_j\right) \tag{8.11}$$

式中:RM_i 表示通行模式 i 的交通风险;n 表示通行模式 i 中的轨迹数;R_j 表示转弯模式 i 中的轨迹 j。

8.3 实验与讨论

8.3.1 研究区域和数据

本章所提出的模型的设计与交叉口的特征(即交叉口类型、地理特征、交通流量等)无关,并非针对特定类型的交叉口而设计,能够服务于不同的交叉口作出的风险评估。我们选择了一个典型的交叉口作为实验区域,以验证所提出模型的有效性。关山大道与新玉路交叉口位于中国武汉,如图 8.7 所示,该交叉口在相对集中的时段内具有交通流量大、交通互动频繁的特点,涉及多种类型的交通参与者,包括各种具有代表性的车辆交互类型。得益于如此密集的城市空间,我们可以对所提出的方法的有效性进行验证。

(a)研究区域的真实照片　　(b)研究区域的卫星地图　　(c)研究区域的街道地图

图 8.7　中国武汉关山大道与新玉路交叉口

在这项研究中,记录了十字路口的街景视频,然后从视频中手动提取十字路口的汽车和电动摩托车的轨迹。为了反映研究区域内具有代表性的交通风险分布,拍摄时间设定为下午高峰时段(17:30—18:30),交通流量大、交通互动频繁。为了减少拍摄角度引起的运动轨迹的变形和失真,拍摄点设置在周围最高建筑物的屋顶上,以达到俯角拍摄的效果。然后,考虑到数据点的密度和移动车辆位置变化的容易识别,研究以每秒 6 帧的形式从视频中提取了 21 600 张图片,并将移动对象简化为移动粒子,以均匀地提取位置。具体来说,选择摩托车骑手的头部代表电动摩托车物体,选择车顶中心代表汽车物体,以确保物体之间位置的相对准确性。然后将所有提取的图片按顺序编号,并将编号作为时间标记,时间间隔为 1/6 s。因此,所获得的轨迹点数据格式表示为{对象标签,x 坐标,y 坐标,时间标签}。

8.3.2 轨迹模式分类与冲突识别结果

8.3.2.1 轨迹分类结果

图 8.8 显示了轨迹聚类算法生成的 15 种轨迹模式,反映了(18:00—18:05)期间实验交叉口的 15 种交通通行模式。根据通行模式,15 种轨迹模式可进一步分为 5 类:直行、左转、右转、掉头和违规。

♯1—♯4 表示直行模式。关山大道是主要的城市道路,而新玉路是次要的城市道路。关山大道南北方向的模式 3 和模式 4 代表交通流的轨迹数量远高于新玉路东西方向的模式 1 和模式 2,这与交通流所在道路的等级一致。模式 4 的轨迹数量高于模式 3,表明关山大道从南向北的交通流量更大,包括大量下班返程交通。

♯5—♯8 和♯9—♯12 分别表示左转和右转模式。结果表明,关山大道至新玉路(左转:♯6 和♯7;右转:♯10 和♯11)的轨迹数量略高于新玉路至关山大道(左转:♯5 和♯8;右转:♯9 和♯12),这意味着关山大道到新玉路的转向交通流量大于反向。

♯13 表示掉头模式。掉头轨迹的数量略高于左转和右转轨迹,只有少数轨迹通过交叉口,这也是掉头模式的特殊性。

♯14—♯15 是指包括违规通行模式(除了 4 种常规模式)。在模式 14 中,当车辆沿新余路从西向东通过交叉路口时,路径右上方存在异常停留行为,而在模式 15 中,车辆在交叉口内从南向北穿过新玉路,出现强行换道的行为,这也是异常行为。值得注意的是,两种违规模式都只有一条轨迹,表明在这一典型的城市道路交叉口,这段时间内的违规行为非常少,大多数汽车驾驶员都可以有序、规范地驾驶。

结果表明,轨迹模式的聚类结果符合我们的实际认知。在道路交叉口可以识别和区分不同轨迹的交通模式,这为分析交通风险的交通模式和分类冲突点提供了良好的基础。

8.3.2.2 冲突点识别结果

参考 TTC 指标的标准,本研究将 TTC 阈值设置为 2.5s,即 TTC 小于 2.5s 的点将被识别为交通冲突点。图 8.9 显示了(18:00—18:05)期间原始轨迹和交通冲突点的分布。原始轨迹点数量为 30 201 个,冲突点数量为 10 037 个,占轨迹点的近 1/3,可能造成潜在的交通冲突。图 8.9(b)显示,道路交叉口中心红框区域的冲突点明显比其他区域更稀疏,冲突点的空间分布也不均匀。

8.3.2.3 冲突点分类结果

为了量化不同冲突点的风险程度,我们将轨迹类别分配给轨迹上的冲突点作为其类别,并使用冲突点数量与原始轨迹点数量的比率来测量轨迹类别下的冲突强度(称为冲突频率)。

表 8.1 显示了实验期间冲突点的分类结果,包括轨迹的数量、原始轨迹点的数量、冲突点的数量以及每个模式中的冲突比率。从表 8.1 中可以看出,冲突点分为 15 种类型,分别对应于轨迹的 15 种交通通过模式。15 种交通模式的冲突比例在 1%～52%之间变化很大,表明

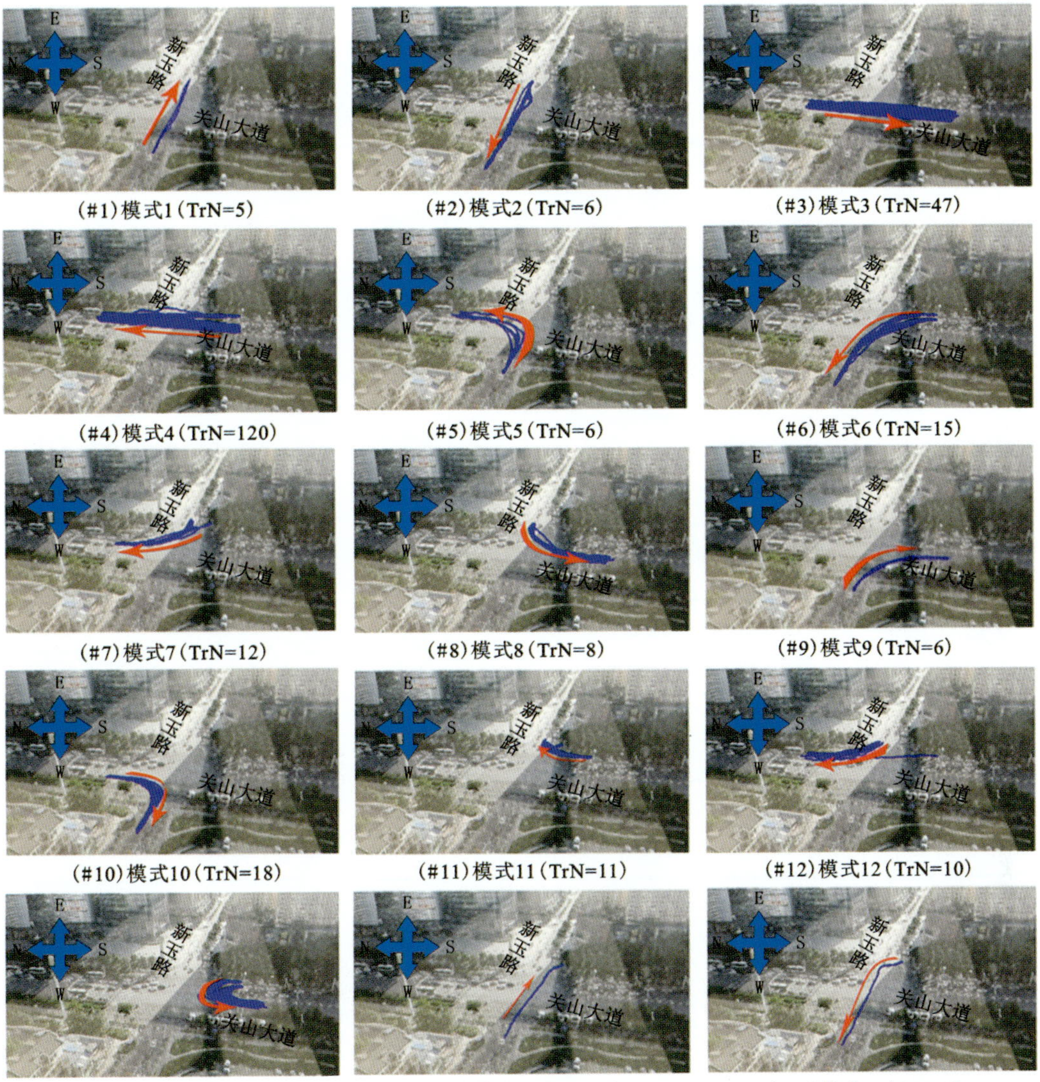

第 8 章 道路交叉口风险经验计算

(#1) 模式1(TrN=5)　　(#2) 模式2(TrN=6)　　(#3) 模式3(TrN=47)

(#4) 模式4(TrN=120)　　(#5) 模式5(TrN=6)　　(#6) 模式6(TrN=15)

(#7) 模式7(TrN=12)　　(#8) 模式8(TrN=8)　　(#9) 模式9(TrN=6)

(#10) 模式10(TrN=18)　　(#11) 模式11(TrN=11)　　(#12) 模式12(TrN=10)

(#13) 模式13(TrN=26)　　(#14) 模式14(TrN=1)　　(#15) 模式15(TrN=1)

图 8.8　实验道路交叉口的轨迹分类结果

(a) 原始轨迹点　　　　　　　　　　(b) 交通冲突点

图 8.9　研究期间(18:00—18:05)研究区域的原始轨迹点和交通冲突点

每种通行方式中包含的冲突点存在很大差异。因此,不同模式之间冲突点的差异是明显的,按模式类别对冲突点进行分类是合理的。

表 8.1 各类模式的轨迹、轨迹点和冲突点的数量

模式	类别#	轨迹数量	轨迹点数量	冲突点数量	冲突频率
直行	1	5	609	7	0.01
	2	6	857	18	0.02
	3	47	3033	1547	0.51
	4	120	12 773	6689	0.52
左转	5	6	684	56	0.08
	6	15	2260	389	0.17
	7	12	1555	59	0.04
	8	8	669	25	0.04
右转	9	6	486	15	0.03
	10	18	2059	37	0.02
	11	11	1043	224	0.21
	12	10	947	290	0.31
掉头	13	26	1743	339	0.19
违规	14	1	183	2	0.01
	15	1	431	128	0.30

8.3.2.4 冲突点风险量化结果

图 8.10 显示了 15 类冲突点的冲突频率(Fr)和冲突严重程度指数(SI)以及本文构建的交通风险指数(R)的变化曲线。可以发现,在相同交通模式下,冲突点的 Fr 和 SI 值相差很大,不能保持在同一水平。本文提出的交通风险指数(R)可以考虑冲突频率和冲突严重程度两个方面,可以全面评估冲突点的交通风险。

8.3.3 交通风险扩散结果

8.3.3.1 风险扩散时空分布

本节分析并讨论了交通风险分布结果的时空特征。1h 的视频被分为 12 个组,每组 5min。图 8.11 显示了使用交通风险扩散模型的 12 个组的风险分布。风险分布的结果可以直观地呈现交叉口处的连续风险分布。

从时间维度来看,路口交通风险分布呈现明显波动。在时段图 8.11(a)期间,交通风险分布广泛,在随后的时段图 8.11(b)和图 8.11(c)逐渐消退,然后在时段图 8.11(d)~(f)集中,随后是时段图 8.11(g)~(i),虽然交通风险分布在一定程度上保持不变,但可以看到明显的

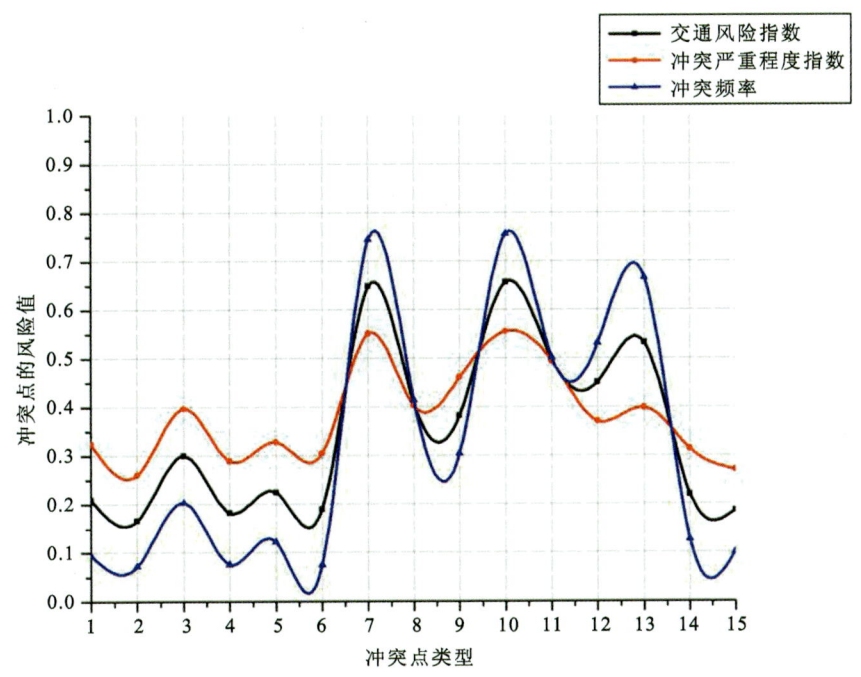

图 8.10 冲突频率(Fr)、冲突严重程度(SI)和冲突风险(R)曲线

后退趋势,这验证了交通风险在以下时间段图 8.11(j)～(l)的下降。

从空间维度来看,空间分布的变化也非常显著。图 8.9 显示了研究区域交通风险的不均匀分布,总体上具有明显的区域划分。A 区域交通风险分布密集,高风险地区多分布在该区域。虽然不同时期存在一定波动,但总体风险始终处于较高水平。出现此现象的原因可能有以下几点:第一,关山大道从南到北的交通流量很大,车辆间的交互频繁;第二,关山大道与新玉东路之间的车辆汇流较多;第三,关山大街与新玉路东路之间有电车,因此交通互动更加复杂。值得注意的是,A 区和 D 区的交通风险也保持较高水平,其形状类似于转弯弧,高风险可能与该区域的转弯交通流密切相关。

相反,B 区的交通风险分布稀疏,大部分为空白,所有时段的总体交通风险均处于较低水平,这意味着 B 区相对安全。原因可能是,除了 B 区外,在 C 区,关山大道辅道与明玉路交会处,电动摩托车与汽车之间的互动更多。

C 区是一个交通风险可变的区域。C 区的交通风险等级介于 A 区和 B 区的风险等级之间,被视为中等等级。由于关山大道辅道和新玉路之间的交通互动强度,随着时间的推移,波动非常明显。在某些时段,交通风险较低且较稀疏,如时段图 8.11(a)和图 8.11(c),有时会变得非常密集且较高,如在时段图 8.11(d)、图 8.11(e)和图 8.11(l)。

值得注意的是,当 C 区交通风险分布由稀疏变为密集时,它总是从 E 区开始,其密集的交通风险分布将驱动 C 区整个区域的交通风险分配变得密集,即 E 区交通风险的状况直接影响 C 区的交通风险。

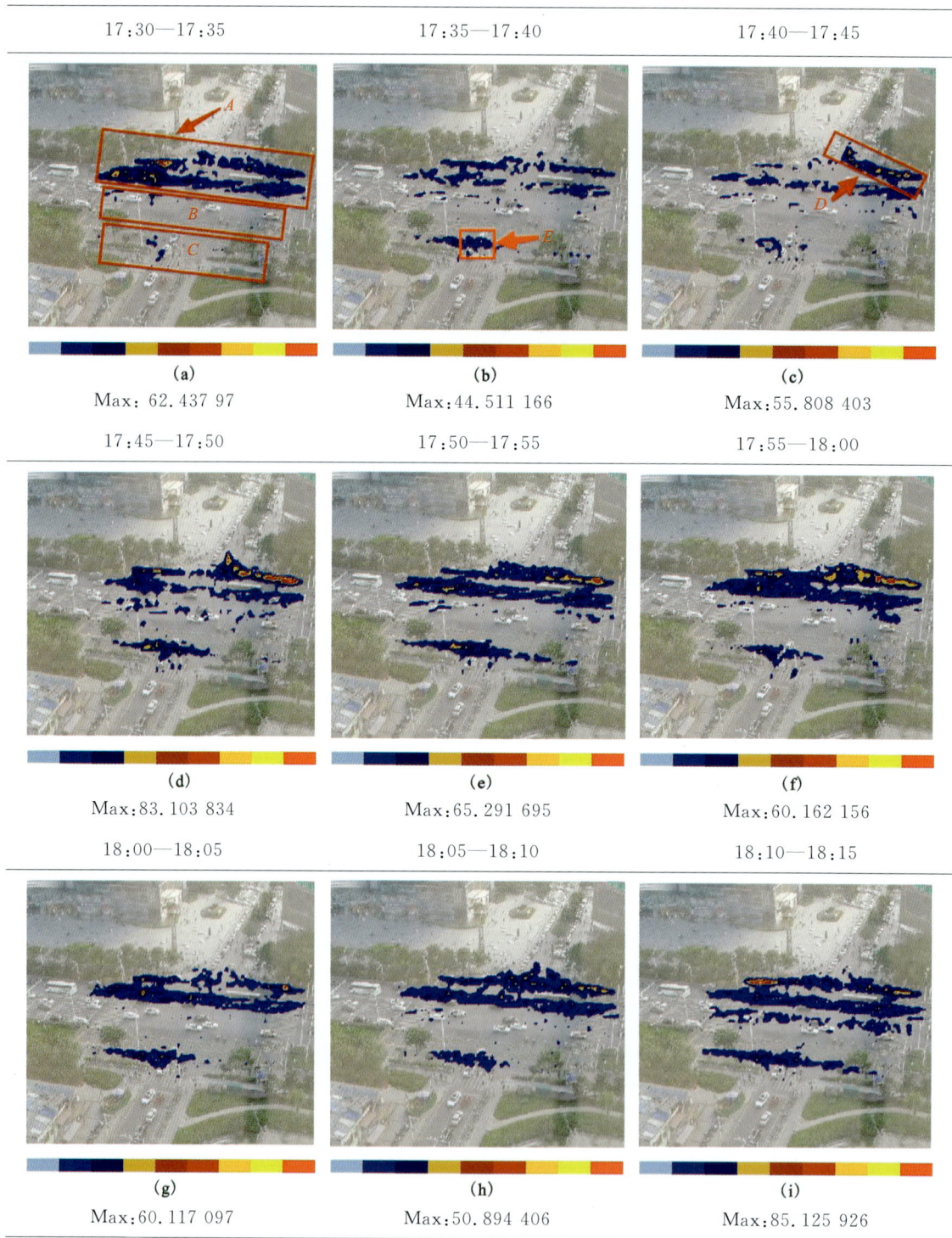

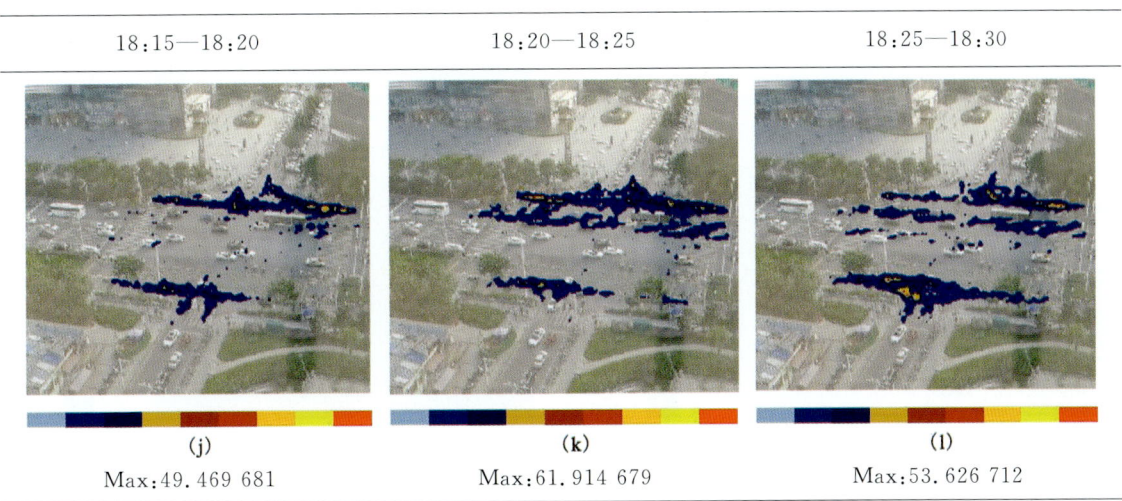

18:15—18:20	18:20—18:25	18:25—18:30
(j) Max:49.469 681	(k) Max:61.914 679	(l) Max:53.626 712

图 8.11　12 个时期的交通风险分布图

前人的研究主要关注交叉口局部有限交通冲突点的风险量化,同时忽略连续空间的风险计算。本研究向前迈出了一步,重点实现了交叉点的全场风险计算。引入烟雾羽流模型以构建交通风险扩散模型,以实现道路交叉口的连续风险分布。也就是说,在空间上,可以评估任何十字路口位置的交通风险。

8.3.3.2　结果验证

为了验证本章提出的交通风险扩散模型生成的交叉口交通风险分布图的准确性,进行了人工判断。由于交叉口风险值在时间和空间上是动态变化的,因此本研究中的风险采样率是从时间和空间上考虑的。图 8.12 显示了数据集原始冲突点的风险分布以及使用扩散模型后的风险分布。时间片设为 5min,这是通过参考交通灯的切换持续时间(5min)来设置的。通过参考交叉口处交通冲突点的数量来划分空间采样率,如图 8.13 中的 5×5 网格所示。

(a) 原始数据集冲突频率分布图

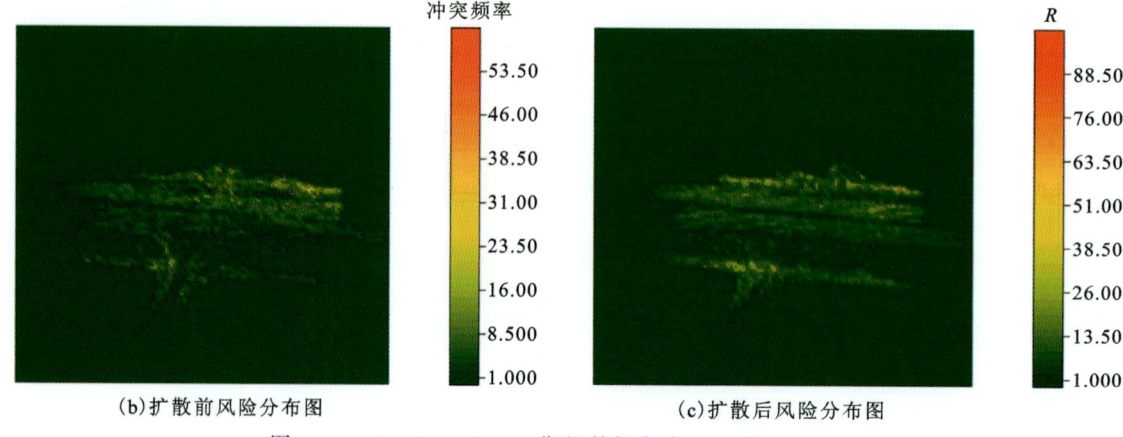

(b)扩散前风险分布图　　　　　　　　(c)扩散后风险分布图

图 8.12　(17:35—17:40)期间数据集中交通风险分布图

为了获得交叉口每个位置的地面真实交通风险标签,邀请了 4 名具有交通知识背景的交通专业人员,借助视频材料对每个网格单元的交通风险等级进行评分。这项工作旨在尽可能根据人类的感知推断交通风险。标签根据贴标商的意见进行标记。在获得交通轨迹数据的面向行人、驾驶员、车辆和车道的属性后,进行标记。鉴于感知风险评级是一种主观的非公开评级,为了增加一般性,利用了潜在风险在时间和空间上的聚合程度。交叉口区域被划分为统一的网格,并根据高风险、中风险、低风险和无风险 4 个等级对每个网格的风险等级进行评估。从交叉口的交通监控视频中,考虑到网格中行人和车辆的行驶状态,将网格单元标注为不同的风险等级,具体评分规则如下:

(1) 对于行人而言,如果代理人行为良好,且在穿越过程中没有发生危险行为,则交通风险被认为较低。在偶尔表现出危险行为的情况下,分配中等风险。与频繁显示危险行为相对应的交通数据被分配为高风险。

(2) 在 5min 内,如果评估区域包含 6 辆或更多车辆(覆盖区域的 80% 以上),且原始车辆未完全离开该区域超过 2min,则该区域被确定为高风险区域。

(3) 如果评估区域内的车辆数量为 4 辆或以上(覆盖区域的 50% 以上),且原始车辆未完全离开该区域超过 1min,则该区域被确定为中风险区域。

(4) 如果评估区域内的车辆数量为 2 辆或以上,原始车辆完全离开该区域超过 30s,则该区域被确定为低风险区域。

(5) 如果评估区域内的所有车辆在 30s 内完全离开该区域,则该区域被确定为无风险区域。

除了交叉口交通事故的明显高危情况外,上述规则之外的特殊情况也可能取决于实际情况。

结果,在一定分辨率下的两个分数被匹配以评估交通风险分布图的有效性。图 8.13(a)~(c) 显示了 5×5 网格划分模式下道路交叉口的交通风险分布。图 8.13(A)~(C) 显示了人工评估道路交叉口的交通风险分布图。表 8.2 显示了使用本章方法的交通风险分布图与通过专业评估的手动评分图之间的相似度,达到了 90% 以上,表明使用本章提出的方法对交叉口进行的交通风险评估与实际情况一致。

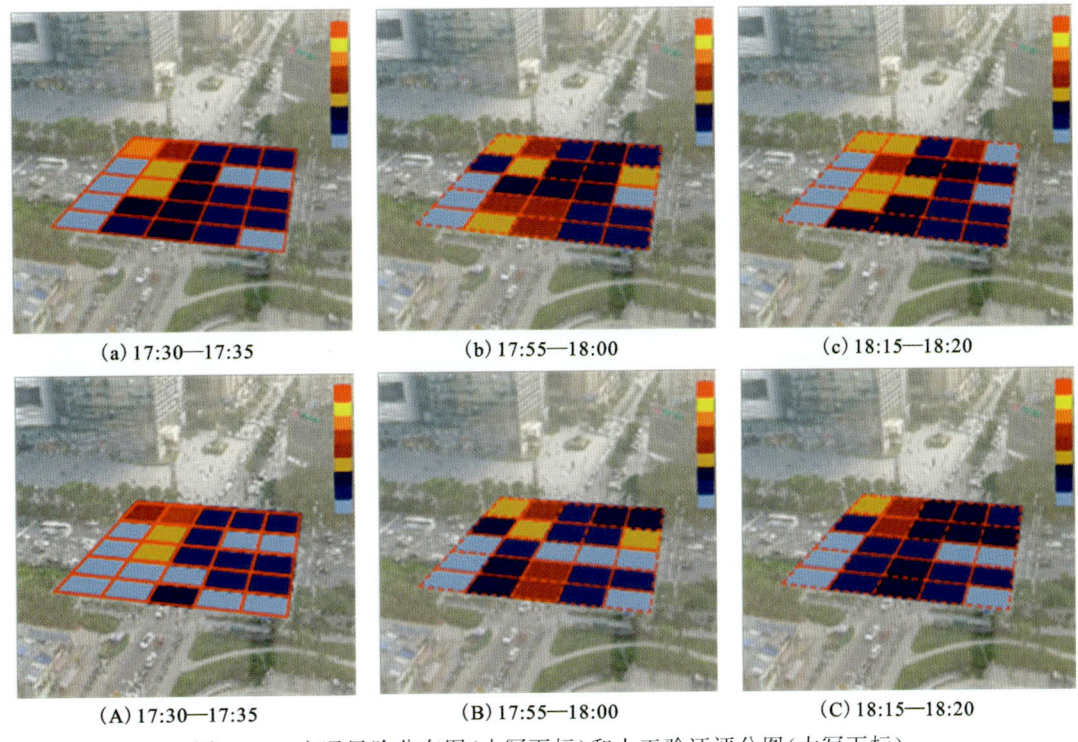

图 8.13　交通风险分布图(小写下标)和人工验证评分图(大写下标)

表 8.2　交通风险分布与人类验证评分图之间的相似性

对比组	(a,A)	(b,B)	(c,C)
相似度	0.956	0.948	0.936

8.3.4　交通风险评价结果

本节从 3 个方面评估所研究道路交叉口的交通风险:基于交叉口的总体风险、路径风险和基于转弯模式的风险,以指导个人在交叉口的交叉行为。

8.3.4.1　路口级交通风险结果

为了检查交叉口的总体交通风险,本节将交叉口交通风险扩散面积率 S_{risk} 与传统冲突分析方法进行了比较,该方法基于 TTC 计算交通冲突的频率,并使用交叉口中的交通冲突频率来反映交通风险的变化。

图 8.14(a)和图 8.14(b)分别显示了交叉口的风险扩散率和冲突频率随时间的变化。观察发现,交叉口的交通风险水平保持在一定范围内(扩散面积的比例在 17%~38%之间变化,冲突频率的比例在 33%~41%之间变化)。这两条曲线总体上呈现出一致的变化趋势,都有 3 个波谷和 2 个波峰。例如,交通风险扩散区的波谷在第 2~3 个时段的中期(18:35—19:45)

达到,然后风险扩散区在第 5 个时段(18:50—18:55)达到峰值,然后减小。两条曲线的上下波动形式在时间维度上表现出相对一致的周期性,这也与交通量的时空动态特征一致。

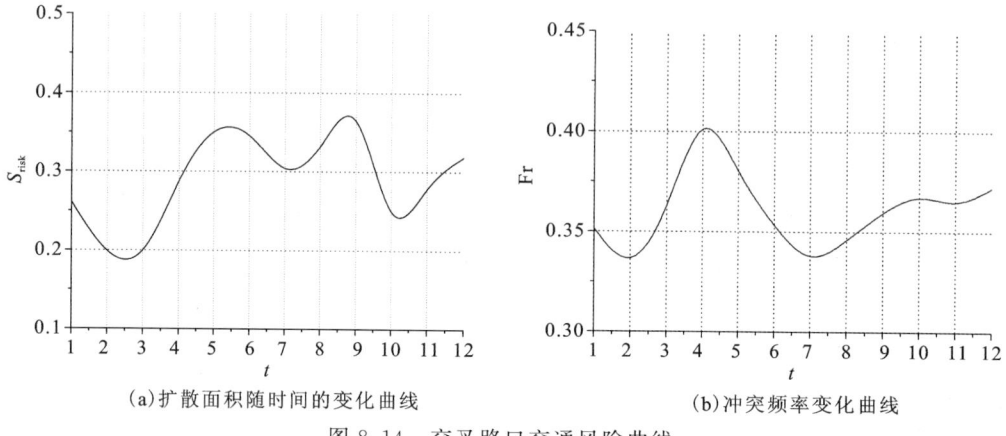

(a)扩散面积随时间的变化曲线　　　　(b)冲突频率变化曲线

图 8.14　交叉路口交通风险曲线

在 18:30—19:00 之间的 1~7 时段,即傍晚交通拥堵高峰,两条曲线均呈现先下降后上升再下降的趋势。值得注意的是,Fr 曲线在第 2 周期达到第一个低谷,而 S_{risk} 曲线在第二周期和第三周期之间达到第一个谷底,显示出时间滞后。类似地,与 Fr 曲线相比,S_{risk} 曲线的第一个峰值也存在时滞。这表明,由于考虑到风险扩散,S_{risk} 指标可以反映一定的时滞效应,这与普遍认知一致。在 19:00 和 19:30 之间的 7~12 期间,尽管两条曲线具有相似的总体趋势,但可以发现波动程度存在很大差异。S_{risk} 曲线显示出显著的时间和空间变异性,而 Fr 曲线相对平坦。通过风险扩散效应和对冲突严重性的考虑,S_{risk} 指标使风险变化更加显著。一般来说,当交通流量较大时,两个指标随时间的变化趋势是一致的。但 S_{risk} 可以反映风险的滞后效应,这是由于风险扩散模型的贡献。当交通量逐渐消失时,Fr 曲线对描述风险变化相对不敏感,而 S_{risk} 可以更好地描述随时间变化的细微风险差异。因此,通过考虑风险扩散,整合冲突空间分布的 S_{risk} 指标可以表征时间和空间动态,这对于整个交叉口区域的交通风险评估更为灵活。

8.3.4.2　路径级交通风险结果

图 8.15 显示了 6 条典型车辆路线随时间推移的路径级交通风险。大多数路径的交通风险主要集中在其两端,意味着大多数交通风险峰值出现在交叉口的起点或终点,如路径 m、o、q 和 r。这种现象在包括转弯的路径(路线 m、o 和 q)上尤为常见。少数曲线的峰值出现在路径的中间,更常见于路径 n 和 p 等直线路径。

图 8.16 显示了反映 6 条道路交通风险差异的四个风险指数的曲线,包括风险累积 $\int R_{(x_j,y_j)}$、交通风险平均值(Mean)、通行时间(t)和路径的总体风险水平(RL)。路径 n 的 4 个指数的值是 6 条路径中最低的,这意味着路径 n 的通过轨迹比其他通过轨迹更安全或交通风险更小。路径 m 的 4 个指数的值在 6 条路径中最高,这意味着路径 m 通过的潜在交通风险比其他轨迹更大。

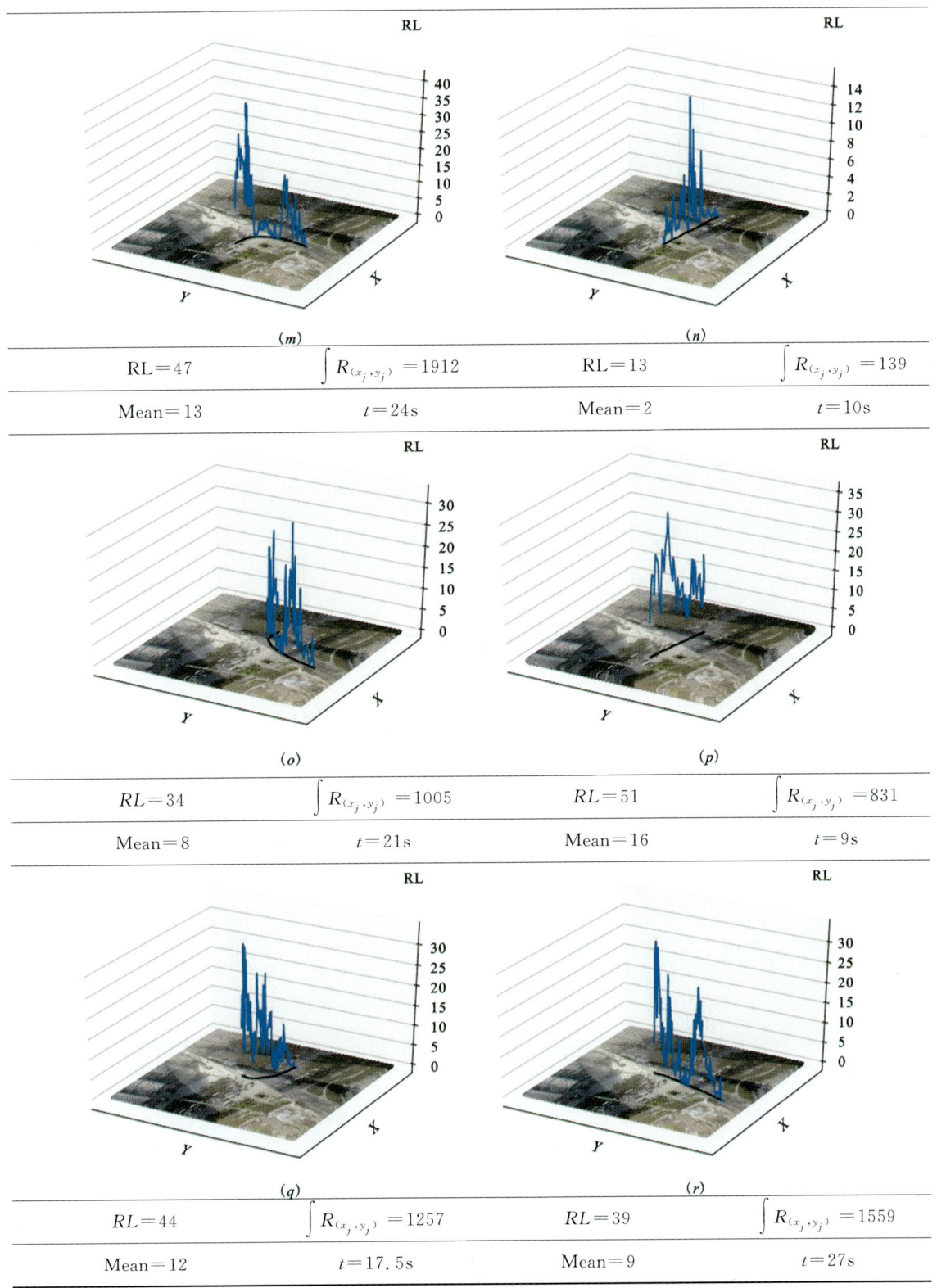

图 8.15 6 条轨迹的交通风险得分

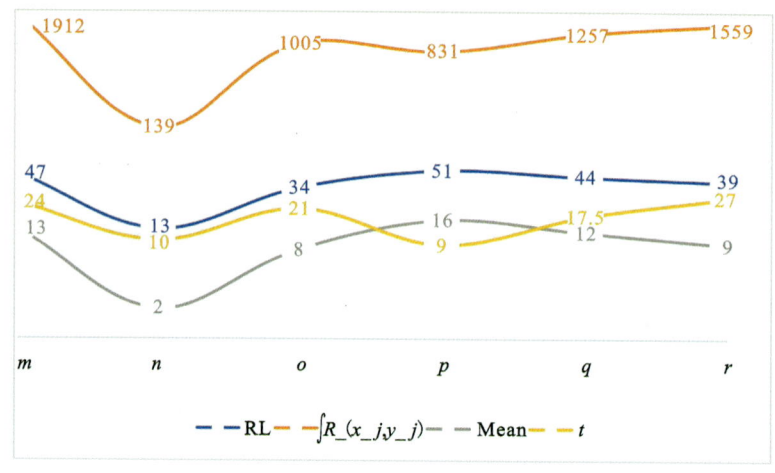

图 8.16　6 条轨迹的 RL、$\int R_{(x_j,y_j)}$、Mean 和 t 曲线

与路径 o 相比路径 p 的 $\int R_{(x_j,y_j)}$ 和 t 较低,而平均值则高得多,意味着路径 p 具有较短的通过时间,但在整个通过过程中保持较高的交通风险。因此,路径 p 的总体风险水平 RL 超过路径 o,这符合实际认知。类似地,与路径 p 相比路径 q 和 R 的 $\int R_{(x_j,y_j)}$ 和 t 较高,而两条路径的平均值和 RL 值较低。这表明高风险积累是由于运输时间长;然而,总体风险水平仍处于中等水平。

因此,本章提出的总体路径风险水平 RL 可以通过考虑风险累积值、风险平均值和轨迹的通过时间,对路径的交通风险进行更彻底的评估。大多数传统方法仅提供冲突点处交通风险的计算,而不能获得沿通过路线的连续轨迹位置处的交通风险。从逻辑上讲,有效评估路径级交通风险仍然是一个挑战。与以往的方法不同,本章的评估框架可以随时获取交叉口任意点的交通风险,从而实现对车辆路线上任意位置的实时交通风险评估。它有效地弥补了传统方法在基于瞬时交通风险分析的道路等级风险评估中的不足。

8.3.4.3　模式级交通风险结果

图 8.17 显示了 18:00—18:05 期间每个通行模式的交通风险分布,不同通行模式的交通风险分布具有自身独特的分布特点。图 8.18 显示了该期间每个模式的 RM 值的直方图。直行通行模式 1、2、3 和 4 的 RM 低于其他模式。左转通行模式 5、6、7 和 8 的 RM 保持在高水平,右转通行模式 9、10、11 和 12 的 RM 也保持在整体高水平。这与"在十字路口直行的交通风险低于转弯交通的交通风险"的实际认知一致。并且可以发现,左转交通的 RM 总体上略高于右转交通的 RM,这与左转交通的行驶距离比右转交通的行驶距离长的实际情况一致。

与以往针对特定交叉口交通模式的交通风险评估方法相比,本章的方法可以基于全现场交通风险计算评估交叉口区域内各种交通模式的风险,定量比较各种交通模式风险,并反映风险差异,这是本研究方法的一个主要优点。

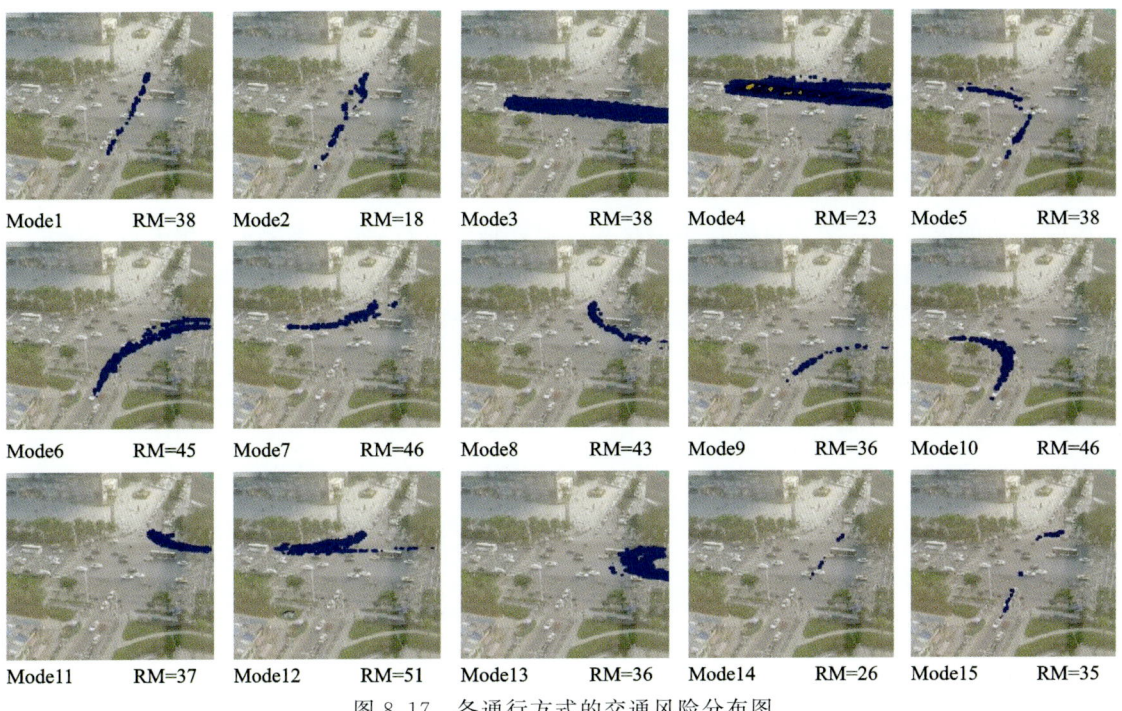

图 8.17　各通行方式的交通风险分布图

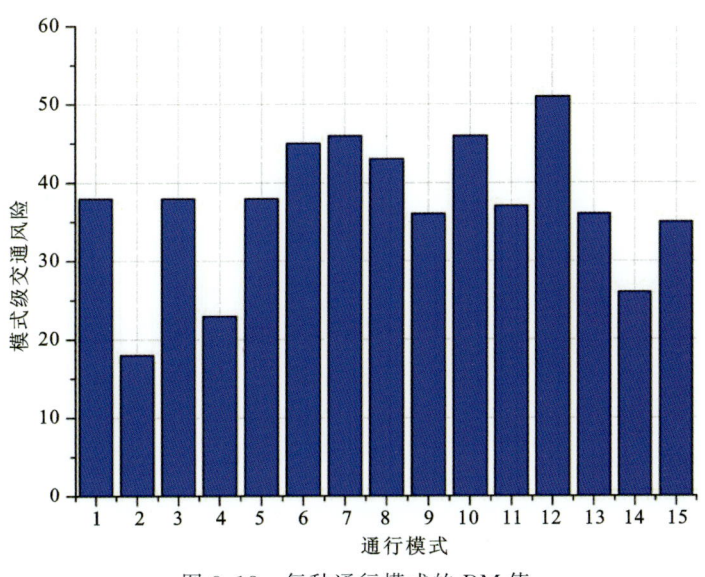

图 8.18　每种通行模式的 RM 值

从交通转向模式角度得到的风险分布也呈现出显著的空间格局,表明 RM 的交通风险评价指标是合理的,可以为交通流模式的选择提供风险决策指导。

8.4 本章小结

本章探讨了导航过程中的交叉口通行风险经验,在交互密集的交叉口提供了精细化的风险表征和多维度评价方法,通过风险场模拟方法实现单路径或转弯模式下的风险评估,提高了风险评估的灵活性。交叉口场景模拟及其风险评估的方法,便于在交叉口相关数据缺乏的情况下,研究城市道路交叉口的交通风险及其分布,为城市道路交叉口的风险决策提供关键工具,有望在城市交叉口场景交通风险分析中发挥支撑作用。

第 9 章　空间环境对导航迷路行为影响的量化评估

9.1　研究背景

随着中国城市化进程的加速,城市建成环境日益复杂,尤其是建筑布局与道路网络结构的不断演变,给导航和寻路带来了前所未有的挑战。人们在寻路时面临较大的认知和决策压力,导致寻路难度和耗时增加,迷路现象也更加频发。迷路引发的焦虑、紧张等负面情绪进一步加剧了这一问题的发生,从而对居民的生活质量和出行体验产生了不利影响。因此,分析空间环境特征对迷路现象的影响,不仅有助于预防迷路,还能够改善出行体验、提高交通效率,并为优化城市规划提供支持。

寻路过程中迷路是常见现象,研究人员通过分析寻路行为揭示了影响迷路的潜在因素。现有研究表明,空间环境的多种特征对寻路效率有显著影响,这些特征涵盖了局部和全局环境的视觉与空间属性。寻路效率通常通过导航过程中的时间消耗和错误次数来衡量。局部环境方面,诸如视野的开阔度和移动实体对路径的干扰等视觉因素,会直接影响个体的寻路效率。而全局环境中的空间布局复杂性和道路网络结构也被视为影响寻路效率的关键因素。迷路风险,即个体在特定环境中无法找到目的地的可能性,往往与导航者的寻路效率密切相关。当个体在寻路过程中表现出较差的寻路效率时,往往是因为他们无法准确理解环境中的空间关系,或无法有效利用环境特征进行导航,迷路风险随之增加。尽管当前研究并未直接聚焦迷路问题,但探讨的空间环境特征为理解迷路现象提供了基础。迷路作为一种复杂的空间现象,可能是由多种环境特征共同作用的结果。然而,目前的研究仅关注少数几种环境因素,这种狭窄的特征范围选择严重限制了分析的深度和广度。因此,扩展环境特征的研究范围,并进行定量评估,以全面考察这些特征如何影响迷路风险非常有必要。

同时,导航时空数据为研究迷路现象提供了重要支持。然而,针对迷路现象的数据相对匮乏,限制了我们对空间环境因素与迷路之间的交互进行深入分析的能力。基于位置的社交媒体数据和街景图像数据等新兴城市感知数据的兴起,为探讨空间环境特征对迷路风险的影响提供了新的研究契机。街景图像作为一种能够反映人眼视角下环境视觉特征的重要数据,在城市物理环境和感知研究中展现出巨大潜力。通过分析街景图像中的道路覆盖比、建筑物覆盖比等特征,笔者可以进一步探讨这些因素对迷路风险的具体影响。此外,基于位置的社交媒体数据也在城市空间感知和行为的研究中得到了广泛应用,为揭示个体对环境的主观感知提供了有力的工具。若将社交媒体数据与街景数据相结合，有望深化对城市环境空间特征的理解，为研究环境对迷路风险的影响提供有前景的解决方案。

基于上述背景，本章旨通过社交媒体数据获取易发生迷路事件的地点作为研究样本，利用位置关联检索多源地理空间数据（如街景图像、兴趣点数据、OSM路网数据）以量化样本的环境特征，进而定量评估空间环境特征与迷路之间的关联关系。研究将重点解决以下两个挑战：①如何综合考虑空间环境的多重特征，并对建成环境进行量化；②哪些环境特征与迷路现象具有显著关联，以及这些特征如何影响迷路的发生。

9.2 研究方法

本章提出了一种基于多源地理空间数据的多尺度环境特征分析方法，旨在揭示复杂城市环境中影响迷路风险的空间特征及其关系。该方法框架如图9.1所示，主要包含3个关键步骤。

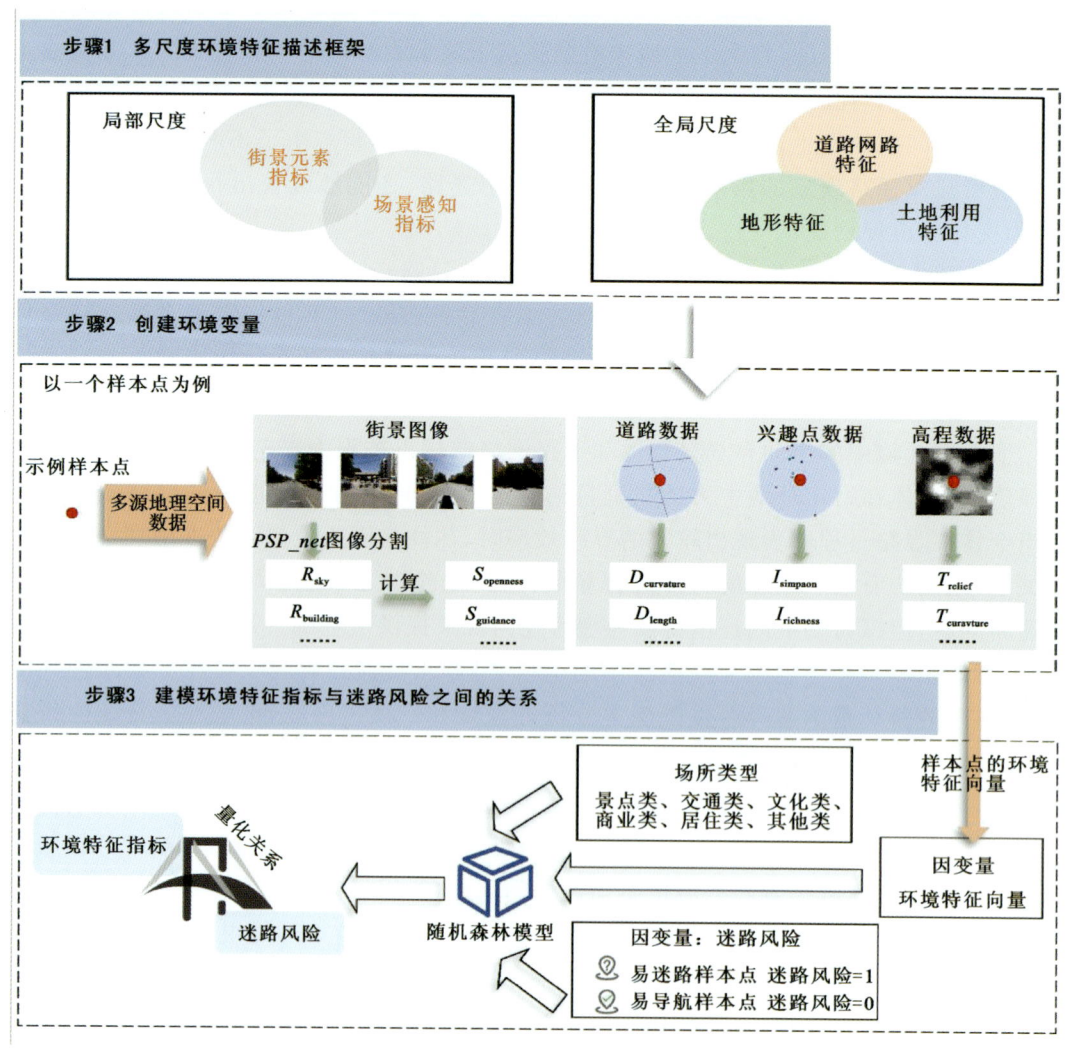

图9.1 基于多源地理空间数据的多尺度环境特征对迷路风险影响的分析框架

(1)多尺度环境特征描述框架构建:该描述框架系统地表达了与迷路相关的环境特征指标,涵盖两个层次特征。一是局部尺度的街道级建成环境的视觉特征,如天空可视率、建筑物可视率和视野开阔度。二是全局尺度的环境特征,包括道路网络结构、土地利用混合程度和地形特征。这一框架为深入解析迷路现象提供了理论基础。

(2)基于多源地理空间数据的环境特征指标量化:利用易迷路和易导航样本点的位置信息,关联检索多源地理空间数据(如街景图像、道路网络数据等)以提取相关特征。通过图像分割等技术,量化各类与迷路相关的环境特征指标,确保环境特征表征的精确性,从而为后续关系模型的构建提供数据支持。

(3)环境特征对迷路风险影响的量化关系模型构建:为了量化环境特征对迷路可能性的影响,以样本点作为基本分析单元,将环境特征变量作为自变量,迷路风险值作为因变量,采用随机森林模型建立了不同类型场所(如景点、交通枢纽、文化场所、商业区、居住区等)中环境特征与迷路风险之间的量化关系模型。该模型旨在预测各类环境特征在不同场所类型中对迷路风险的贡献程度,进而识别影响迷路的关键环境要素及其作用机制,揭示环境特征对迷路风险的影响模式。

本方法通过多尺度特征描述框架与定量关系模型的有效结合,提供了系统量化评估空间环境对迷路风险影响的核心工具,旨在深入解析关键要素的作用机制,并精确揭示环境特征对迷路风险的影响。

9.2.1 多尺度环境特征描述框架

迷路的发生受到多种环境特征的影响。为更全面地揭示这些影响,我们提出了一个多尺度的环境特征描述框架,如图9.2所示,系统地捕捉并定义了一系列潜在与迷路相关的环境特征指标,从局部和全局两个尺度揭示迷路现象中复杂且多样的环境语义特征,在局部尺度上

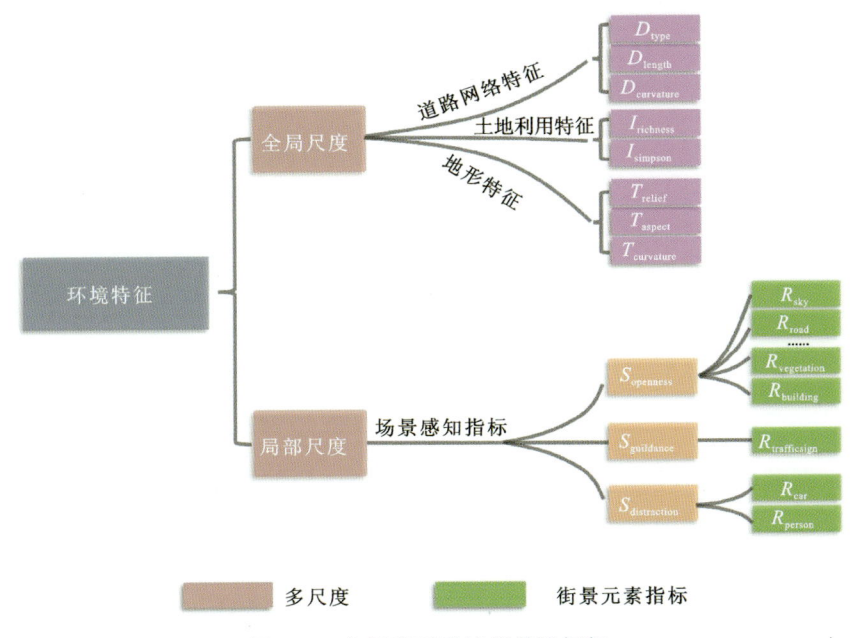

图 9.2 多尺度环境特征描述框架

主要关注街道级别的建成环境特征,即导航者感知的街景视觉特征。这些特征通过视觉元素进行量化,涵盖了街道环境中的各种视觉要素,例如视野的开阔性、导示性和干扰性等指标。在全局尺度上,框架则聚焦于更大范围的环境特征,包括道路网络的拓扑结构、土地利用类型和地形特征,旨在捕捉导航者对较大空间范围内环境的感知。各项指标的详细描述见表9.1。通过这一框架,我们能够更全面地理解环境特征如何影响迷路现象,这些指标经过量化后可作为建立影响关系模型的输入变量,从而为后续的分析和模型构建提供基础。

表 9.1　多尺度环境特征描述框架中的指标

尺度	变量组	缩写	变量描述
局部尺度	街景元素	R_{sky}	天空比例(%),反映视野的开放度
		$R_{building}$	建筑物比例(%),反映建筑高度和密度
		R_{road}	道路比例(%),反映路面宽度
		$R_{sidewalk}$	人行道比例(%),反映步行友好度
		$R_{vegetation}$	植被比例(%),反映植被的密度和视野的开放度
		R_{car}	车辆比例(%),反映交通流量及环境中的干扰因素
		R_{people}	行人比例(%),反映行人流量及环境中的干扰因素
		R_{wall}	墙体比例(%),反映视野的开放度
		$R_{terrain}$	墙体比例(%),反映视野的开放度
	场景感知	$S_{openness}$	反映视野的开放度
		$S_{guidance}$	反映视野范围内交通标志的可用性
		$S_{distraction}$	反映视野范围内移动实体的干扰程度
全局尺度	道路网络特征	$D_{curvature}$	区域内道路网络的曲率
		D_{length}	区域内道路总长度
		D_{type}	区域内主要道路类型
	地形特征	T_{relief}	区域内地形起伏程度
		$T_{curvature}$	地形表面的曲率特征,反映地形的陡峭度
		T_{aspect}	地形表面的曲率特征,反映地形的陡峭度
	土地利用特征	$I_{richness}$	区域内POI类型的丰富度
		$I_{simpson}$	POI的辛普森多样性指数,反映POI分布的集中度

9.2.1.1　局部尺度环境指标的选取

现有研究表明,局部尺度的街道级环境特征在个体导航体验中占据核心位置,是影响空间认知与导航行为的关键因素。街道级特征直接影响个体在实时导航过程中的视觉感知和行动决策,对路径选择具有更直接的影响。具体地,为定量刻画街道级导航环境的视觉特征和认知要素,我们引入了3个核心感知指标:场景视野开阔性、场景导向性和场景干扰性。

(1)场景视野开阔性:该指标描述视野范围的开阔程度,即导航者获取远处视觉信息的能力。研究表明,在寻路过程中,导航者倾向于选择视野更开阔、视觉空间更大的路径。若导航者依赖有限的视觉信息进行路径选择,不仅会降低导航效率,还会增加迷路的风险。

(2)场景导向性:该指标描述环境中的导示信息的丰富程度,如交通标识和方向标志等。丰富的导示信息能够帮助导航者清晰地识别当前位置和目标方向,从而优化路线选择,提高导航效率。相反,导示信息的缺乏会加重寻路过程中的认知负担,使导航者在路径选择上更加困惑,从而降低导航的准确性和效率。

(3)场景干扰性:此指标主要描述环境中动态移动实体(如行人和车辆)对导航过程的干扰程度。大量的移动对象会增加视觉和听觉上的干扰,削弱导航者对周围环境的感知。此外,导航者必须投入更多的认知资源来应对这些动态变化,导致认知负荷增加,从而增大迷路的风险。

9.2.1.2 全局尺度环境指标的选取

对于影响迷路的指标选取,除了局部尺度的街道建成环境特征外,考虑更大范围的全局尺度环境特征同样至关重要。导航者的空间认知和路径选择不仅受到局部环境的影响,还会受到更广泛环境格局的驱动,这些宏观特征在导航决策中发挥着关键作用。

我们引入 3 类全局环境指标:道路网络特征指标、土地利用特征指标和地形特征指标,它们涵盖全局环境的空间布局复杂度、道路网络结构特征等方面的语义,能够有效反映导航者在较大空间范围内的环境感知特征。

(1)道路网络特征:这一类指标描述道路网络的结构和复杂度。在寻路过程中,导航者通常倾向于选择转弯次数较少的路段。复杂且曲折的道路网络会加大导航者对方向和距离的判断难度,从而增加迷路的风险。

(2)土地利用特征和地形特征:这些指标旨在描述空间布局的复杂程度。土地利用特征的混合程度越高、地形越复杂,通常会导致区域空间布局的复杂性增加、环境一致性降低以及信息处理负担加重。这可能使个体在行进过程中面临更大的认知负担,难以维持稳定的方向感和路径记忆。

通过研究城市整体空间布局、道路网络结构等全局特征,我们能够更全面地理解导航者在复杂环境中如何进行方向判断和路径选择。

9.2.2 多尺度环境指标的量化

9.2.2.1 局部尺度环境指标的量化

本节基于街景图像数据量化了环境描述框架中局部尺度的环境指标,并将其作为影响分析预测模型的主要自变量。这些指标包括街景元素和场景感知两类。街景元素指标主要用于描述街道环境的物理特征,如建筑物和道路的覆盖比例等;而场景感知指标则侧重评估街道环境的整体氛围,如视野的开阔度等。指标构建的具体步骤如下。

基于图像语义分割获取街景图像中的环境要素。本研究采用 PSPnet 语义分割模型提取环境要素。由于其强大的上下文聚合能力和可靠的预测精度,PSPnet 已被广泛应用于街景图像的语义信息提取任务中。本研究使用的 PSPNet 模型在 Cityscapes 数据集上进行了训练,在对 30 类语义对象类别进行分类时,其平均交并比(mIoU)达到了 77.85%(可被认为是逐像素语义分割的良好性能)。使用本文的街景数据进行分割的结果示例如图 9.3 所示。

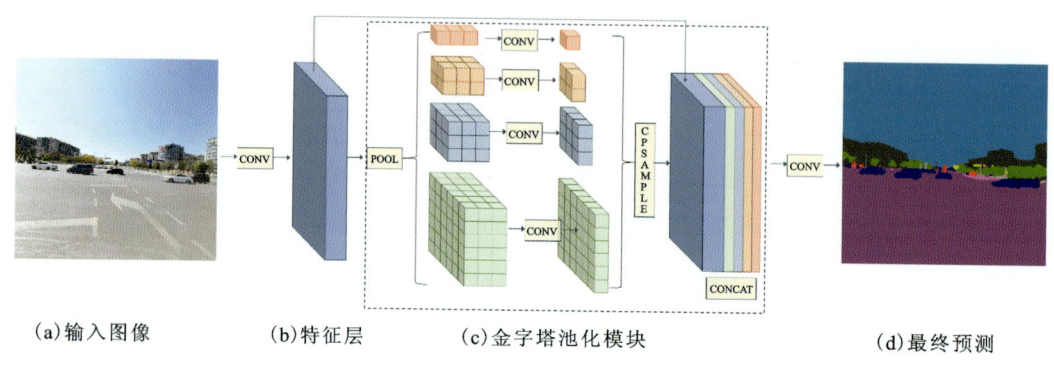

(a)输入图像　　(b)特征层　　(c)金字塔池化模块　　(d)最终预测

图 9.3　PSPnet 街景图像分割结果示意图

(2)构建了基于图像语义分割结果的街景元素指标 R_k。我们选取了与视野开阔性、导示性和干扰性密切相关的十类街景要素,包括建筑物、墙、道路、行人、植被、天空、汽车、人行道、地形和交通标志。对于每个样本点,计算这些要素在该点采集的所有街景图像中的平均覆盖率,作为街景元素指标 R_k 的代理变量。具体计算公式详见表 9.2。

(3)构建了 3 个场景感知指标来量化视野开阔性、导示性和干扰性。选取了 5 种物理环境元素(天空、道路、植被、建筑物和墙壁)衡量视野开阔性($S_{openness}$)。其中,植被、建筑物和墙壁是遮挡远处视觉信息的物理屏障,而天空和道路有助于获取远距离视觉信息。导示性($S_{guidance}$)通过交通标志元素来衡量,城市中普遍存在的交通标志是重要的导航信息来源。干扰性($S_{distraction}$)则通过行人和汽车两类元素进行评估,道路上的行人和车辆往往会吸引注意力,但通常并不提供直接的导航信息。具体计算公式详见表 9.2。

9.2.2.2　全局尺度环境指标的量化

本节利用道路网络数据、POI 数据、高程数据量化了多尺度环境感知框架中全局尺度的环境指标,包括道路网络特征、土地利用特征和地形特征。

(1)道路网络特征环境指标。为了反映样本点所在区域内道路网络的整体特征,本研究选择道路类型(D_{type})、道路长度(D_{length})、道路曲折度($D_{curvature}$)作为量化指标,松弛选取以样本点为中心 500m 范围内的道路网络作为量化对象。

(2)土地利用特征指标。为了描述样本点所在区域的土地利用特征,本研究采集了以样本点为中心 500m 范围内的所有 POI 数据作为基础数据。接着引入了丰富度指标($I_{richness}$)和 Simpson 指标($I_{simpson}$)来衡量样本点所在区域的土地利用的混合程度。其中,$I_{richness}$ 值高意味着该区域土地利用类型丰富,$I_{simpson}$ 值高则说明少数几种 POI 类型在该区域中占据了主导地位,而其他类型的 POI 相对较少。

(3)地形特征指标。为了描述样本点所在区域的地形复杂性特征,获取以样本点为中心的 500m×500m 的 DEM 数据作为基础数据,并选择起伏度(T_{relief})、曲率($T_{curvature}$)、坡向(T_{aspect})作为量化指标。上述环境特征指标的具体计算公式见表 9.2。

表 9.2 多尺度环境指标的计算公式

变量组	指标	公式	表述
街景元素	R_k^i	$R_k^i = \dfrac{1}{n}\sum_n \left(\dfrac{N_k}{N}\right)$	n 为样本点 i 所采集到的街景图像数量,N 表示一张街景图像的总像素数量,N_k 表示元素 k 的像素数量
场景感知指标	$S_{openness}^i$	$S_{openness}^i = \dfrac{1}{n}\sum_{j=1}^{n}\dfrac{S_j + Ro_j}{V_j + B_j + W_j}$	n 为样本点 i 所采集到的街景图像数量,S_j 表示第 j 张街景图像中 sky 元素的像素数,R_j 表示 road 元素的像素数,V_j 表示 vegetation 元素的像素数,B_j 表示 building 元素的像素数,W_j 表示 wall 元素的像素数
	$S_{guidance}^i$	$S_{guidance}^i = \dfrac{1}{n}\sum_{j=1}^{n}\dfrac{T_j}{N}$	n 为样本点 i 所采集到的街景图像数量,T_j 表示第 j 张街景图像中 traffic sign 元素的像素数,N 表示一张街景图像的总像素数
	$S_{distraction}^i$	$S_{distraction}^i = \dfrac{1}{n}\sum_{j=1}^{n}\left(\dfrac{P_j}{N} + \dfrac{C_j}{N}\right)$	n 为样本点 i 所采集到的街景图像数量,N 表示一张街景图像的总像素数量,P_j 表示第 j 张街景图像中 people 元素的像素数,C_j 表示第 j 张街景图像中 car 元素的像素数
道路网络特征	D_{type}^i	$D_{type}^i = \underset{k}{\mathrm{argmax}}(f_k)$	k 代表不同的道路类型(如 primary、secondary 等),f_k 为道路类型 k 在道路网络中的出现频次
	D_{length}^i	$D_{length}^i = \sum_{j=1}^{m} L_j$	m 为样本点 i 在 500m 范围内的道路段数量,L_j 表示第 j 段道路的长度
	$D_{cueavture}^i$	$D_{cueavture}^i = \sum_{i=1}^{m} l_i \times C_i$	m 为样本点 i 在 500m 范围内的道路段数量,l_i 为第 i 个道路段的长度,C_i 为第 i 个道路段的曲折等级(根据道路段与其他道路段衔接处的转弯角度的大小所赋的 0~0.4 之间的值)

续表 9.2

变量组	指标	公式	表述
土地利用指标	I_{richness}^{i}	$I_{\text{richness}}^{i}=\dfrac{s-1}{Inn}$	s 为样本点 i 在 500m 范围内的 POI 类型数量，n 为 500m 范围 POI 的总数量
	I_{simpson}^{i}	$I_{\text{simpson}}^{i}=1-\dfrac{\sum_{t=1}^{s}m_t(m_t-1)}{n(n-1)}$	m_t 为样本点 i 在 500m 范围内 t 类型 POI 的数量，n 为 500m 范围内所有类型 POI 的总数
地形特征	T_{relief}^{i}	$T_{\text{relief}}^{i}=\max(Z)-\min(Z)$	Z 表示地形高度值
	$T_{\text{curvature}}^{i}$	$T_{\text{curvature}}^{i}=\dfrac{\partial^2 Z}{\partial x^2}+\dfrac{\partial^2 Z}{\partial y^2}$	Z 表示地形高度值，x 和 y 为平面坐标
	T_{aspect}^{i}	$T_{\text{aspect}}^{i}=\arctan\left(\dfrac{\partial Z}{\partial y}\Big/\dfrac{\partial Z}{\partial x}\right)$	Z 表示地形高度值，x 和 y 为平面坐标

9.2.3 建模环境特征与迷路风险之间的关系

本节构建了环境特征指标与迷路风险之间的量化关系模型，以评估各环境因素对迷路风险的贡献度，并识别关键环境要素及其作用机制。通过计算样本点的环境特征指标值，将这些指标作为自变量，迷路风险作为因变量，建立影响分析与预测模型。因变量"迷路风险"被设定为二元离散变量，其中易迷路的样本点风险值为 1，易导航的样本点为 0。通过这种编码方式，我们将环境特征与迷路风险之间的关系转化为一个二分类问题，从而系统地分析不同环境因素对迷路风险的影响，具体操作流程如下：

(1) 样本准备。为分析导航环境特征对迷路风险的影响，本研究收集了多样化且具有代表性的样本点数据，并将导航环境分类作为核心动机。不同场景（如交通枢纽与住宅区）的环境特征显著不同，直接影响导航者的空间认知、路径选择和认知负荷。例如，交通枢纽的复杂道路网络与住宅区的狭窄视野带来的导航挑战截然不同。因此，我们采用先分类后建模的策略，以减少使用单一模型解释所有场景时可能导致的误判和低效预测。根据样本点关联的兴趣点（POI）属性，将样本点划分为六类典型场所，包括旅游景点、交通枢纽、文化场所、商业区域、住宅区及其他类型。针对每类场所，分别建立影响分析与预测模型，以探讨环境指标与迷路风险之间的关系。

(2) 模型的选择与评估。为确保环境特征与迷路风险之间关系建模的准确性与可解释性，我们采用预测准确率作为评估指标，比较了逻辑回归和随机森林等多种机器学习算法在捕捉环境特征与迷路风险之间复杂非线性关系的效果。最终，选取在预测准确率方面表现最佳的随机森林模型作为本研究的影响分析与预测模型。

(3)关键特征识别与作用机制分析。在使用随机森林模型进行关系建模后,我们进一步利用模型输出变量的重要性来揭示每个指标在预测中的贡献,从而识别出各类场所下影响迷路风险的关键环境因素。指标的重要性通过平均不纯度减少(mean decrease impurity,MDI)来衡量,MDI值越高,表明该指标在预测模型中的作用越关键。此外,为深入探讨重要性较高的环境指标与迷路风险之间的作用机制,我们计算并绘制了偏依赖图(partial dependence plots,PDPs)。PDPs直观展示了在固定其他指标不变的情况下,单一环境指标在不同取值下对迷路风险预测的影响,从而揭示该特征与迷路风险之间的关系是否呈线性或更复杂的非线性形式。这将为理解环境指标与迷路风险之间的关系模式提供深入的见解,并为优化导航系统和城市设计提供理论依据。

9.3 实验与讨论

9.3.1 研究区域和数据

本章使用社交媒体发布的文本信息来产生描述迷路现象的文本数据集。首先,我们使用微博开放平台的API(https://open.weibo.com/)收集了包含关键词"迷路"的11 500条微博记录(2018—2021年),记录的属性包括"用户昵称""微博正文""发布位置""发布时间"等。然后,我们通过人工筛选剔除了与迷路情景无关、缺少位置信息或位置描述不准确(如"湖北省武汉市"此类粒度较粗的地址)的文本,最终获得1714条有效样本,形成了包含用户迷路经历、发布地点和发布时间等信息的迷路数据集,样本数据示意见表9.3。

表9.3 描述迷路现象的微博样本示例

序号	微博正文	发布位置
#1	导航在重庆这片沃土上居然也会迷路……一会儿左拐一会儿右拐,然后我又回到了原点	重庆·鹅岭公园
#2	在专业摄影师的指导下冒着大雨拍下的洪崖洞,晚上的洪崖洞气氛很浓也很迷人,回来的路上下大暴雨而且还迷路,就连导航都救不了自己,不愧是山城	重庆·洪崖洞民俗风貌旅游区
#3	【老人雨天迷路求助,武汉汉阳民警助其回家】3月16日下午江城气温骤降,冷雨突袭,一位老人在汉阳区永安堂地铁站C出口附近迷路。永丰街派出所民警接热心群众报警后立即赶到,通过老人的老年证上的电话号码,联系上家人将其接回	武汉·汉阳区永安堂地铁站
#4	第一次来上海,也属实有点着急。在浦东新区这边住一宿。有点遗憾就是在浦东机场迷路了,耽误了一会。确实是大城市,都一副忙碌的样子……	上海·浦东新区浦东机场

微博记录中的"发布位置"坐标被用作易发生迷路事件的样本点（以下简称"易迷路样本点"）。为了深入探讨迷路的风险机制及其影响因素，我们不仅聚焦于易迷路样本点，还引入了易导航样本点作为对照。两类样本点共同构成了本研究的研究样本。具体而言，我们根据易迷路样本点在中国各省的分布比例，在各省省会城市的主干道上随机选取相同数量的地点，作为易导航样本点进行对比分析。最终，共获得 3428 个样本点，其中包括 1714 个易迷路样本点和 1714 个易导航样本点。通过这两类样本点环境特征的对比，旨在揭示影响迷路风险的关键环境特征。

样本点所关联的用于空间环境特征的量化分析的数据主要包括 4 类：街景图像数据、道路网络数据、兴趣点数据（POI）和高程数据。

(1) 街景图像数据：通过百度地图的公共 API，从样本点周围一定范围内获取街景图像，以充分反映其周边街道环境。具体来说，提取以样本点为中心 500m 直径范围内的道路网络，并沿这些道路每隔 100m 设置一个街景采样点。对于每个采样点，分别获取 4 个方位（$0°$、$90°$、$180°$、$270°$）的街景图像，图像分辨率为 $512×512$ 像素。为避免因道路网络过于密集导致数据冗余，对于道路网络较为密集的样本点，我们随机选取 5 个街景采样点作为代表；而对于道路网络较为稀疏的样本点，则保留所有采样点。最终，我们从 3428 个样本点共获取了 51 820 张街景图像。

(2) 道路网数据：道路网络数据来源于开源平台 Open Street Map（OSM），包含研究区域内的主干道、次干道、居民区道路及其他类型道路。我们提取了每个样本点 500m 直径范围内的完整道路网络数据，作为量化道路特征的基础数据。

(3) 兴趣点数据（POI）：POI 数据利用高德地图的公共应用程序接口（API）收集。针对每个样本点，我们获取了其直径 500m 内的所有 POI 点，共收集了 3428 个样本点的 72 586 条 POI 记录。

(4) 高程数据：收集了以样本点为中心的 $500m×500m$ 范围内的数字高程模型（DEM）数据，精度为 12.5m。这些数据也将用于后续的空间环境特征量化计算。

9.3.2　环境指标的多重共线性诊断

为检测环境特征指标之间潜在的多重共线性情况，本节采用皮尔逊相关系数衡量所选环境特征指标之间的共线性关系，实际计算了这些环境特征指标的成对比较 r 值矩阵，可视化为热图，如图 9.4 所示，通过颜色的深浅表示相关性的强弱，总体上，所有的相关性值均未超过 0.8 或低于 -0.8，指示所选环境指标之间无共线性问题。这一结果表明，场景感知指标与其组成元素之间的共线性并不显著，所选的这些环境指标进行模型估计不会造成失真问题，且是对空间环境特征的有效量化。

9.3.3　环境特征与迷路风险关联的描述性分析

本节旨在识别迷路事件的发生模式及其与环境特征的关联，从以下 3 个方面进行了描述性分析：各类别场所下的迷路事件频率统计、易迷路样本点的空间分布分析，以及易迷路与易导航样本点之间的环境特征差异分析。为描述方便我们将旅游景点、交通、文化、商业、居民

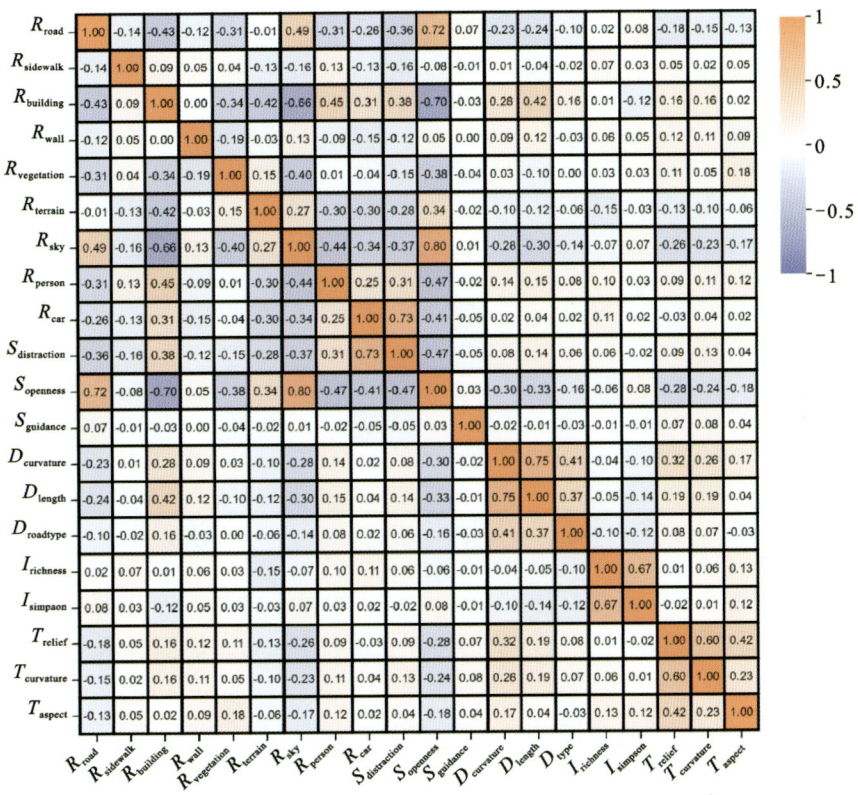

图 9.4 环境指标之间的 Pearson 相关性热图

区以及其他类场所分别简写为 AC、TS、CT、BN、RD 与 OH。

首先,分析了各类典型场所类别下的迷路事件频率。RS 类场所的迷路事件发生次数最多,达到 473 次,其次是 TS 类场所,记录为 318 次。而 CT 类场所的迷路事件相对较少,仅为 144 次。这一结果揭示了迷路事件在不同场所类型中的分布存在显著的不均衡性,这种不均衡可能暗示着不同类型的场所下影响迷路的环境因素存在差异。因此,采用分类建模策略深入探讨各类场所的迷路成因显得尤为必要,不仅有助于深入理解不同场所类型下的迷路成因,还能够为各类场所的环境设计和导航系统优化提供针对性的理论依据。

其次,我们对各类场所下易迷路样本点的空间分布进行了分析(图 9.5)。整体来看,易迷路样本点在大规模城市分布更为集中,而在中小城市中的分布较为稀疏。具体而言,AC 类场所的易迷路样本点在中国的重庆、南京、杭州等城市分布较为集中,尤其是在重庆,这一热门旅游城市以其复杂的地形和城市布局吸引游客,然而这也显著增加了在该城市中导航的迷路风险。TS 类场所的易迷路样本点主要分布在交通网络复杂的大城市,如广州、重庆、上海和武汉。CT 类场所的易迷路样本点在武汉市分布较多,可能与该市拥有众多高校和文化机构有关。BN 类场所的易迷路样本点在多个大规模城市中分布较为均匀。RS 类场所的样本点则呈现出分散特征,既分布于大规模城市,也存在于人口密集的中小城市。OH 类场所的易迷路样本点则主要分布在广州、上海、北京、重庆等城市。

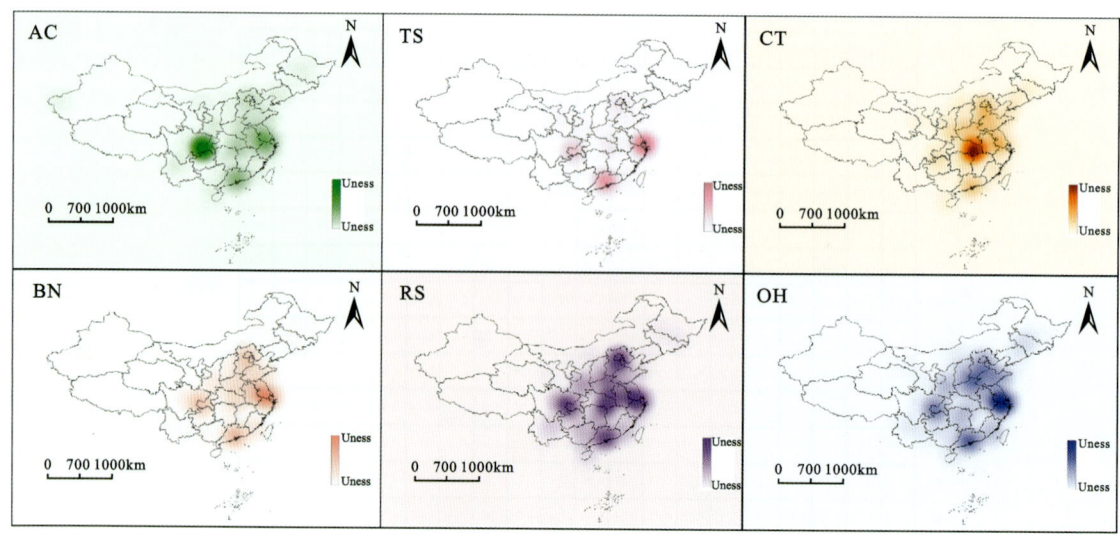

图 9.5　六类典型场所下易迷路样本点的空间分布

最后,通过对易迷路样本点与易导航样本点的环境特征指标分布进行定量比较,对两类样本点间存在明显差异的环境特征进行了描述性分析(图 9.6)。该图展示了六类场所的两类样本点在 20 个环境特征指标下的箱线图,直观呈现了各指标的分布特征,包括中位数(箱体内的粗线)、上下四分位数(箱体边缘)、最小值(箱体下方的"胡须")和最大值(箱体上方的"胡须")。

在 9 个街景元素类指标中,两类样本点上表现出明显分布差异的环境指标 R_{sky}[图 9.6(a)]、R_{road}[图 9.6(c)]、$R_{building}$[图 9.6(b)],它们在六类场所下的中位数差异分别为 0.026 0、0.093 0、0.092 0,表明道路、天空等要素特征在这两类样本点中的分布差异较大。相比之下,R_{wall}[图 9.6(g)]分布的差异最小,中位数差异仅为 0.001 9,说明墙壁的存在对迷路风险影响可能相对较小。在场景感知类指标中,视野开阔度 $S_{openness}$[图 9.6(r)]表现出较大的差异,其在六类场所下的中位数差异平均值为 0.772 0,它对迷路风险可能具有重要影响,而其他场景感知指标则未表现出如此明显的差异。在全局尺度的土地利用类、道路网络类和地形类指标中,$I_{richness}$[图 9.6(p)]、D_{length}[图 9.6(k)]和 T_{relief}[图 9.6(m)]表现出较为明显的差异,中位数差异分别为 1.507 0、4.682 0 和 6.083 0,表明这些因素可能是影响迷路的重要因素。

进一步分析发现,易迷路样本点与易导航样本点之间的环境特征差异在不同场所下具有明显的异质性。以 R_{sky} 为例[图 9.6(a)],易导航样本点的中位数显著高于易迷路样本点,平均差异为 0.092,但在 AC 和 CT 类场所中这一差异更为明显,接近 0.11,暗示天空可视率在迷路风险中扮演着重要角色,且影响强度因场所类型而异。R_{person}[图 9.6(e)]在六类场所中的分布也揭示了类似的差异趋势。总体来看,R_{person} 指标在易迷路样本点中的中位数普遍高于易导航样本点,平均差值为 0.001 9,在 BN 类场所下,这一差异尤为显著,中位数差异为 0.002 3,而在 TS 和 RD 类场所中差异并不明显。这表明在人流密集的 BN 类场所,人流密度可能是影响迷路风险的重要因素,而在 TS 和 RD 类场所中,该因素的重要性则较低。

综上,环境特征与迷路风险之间的关联程度因场所类型而异,即同一环境特征在不同场所类型下对迷路风险的影响程度存在差异。因此,研究迷路成因时,不仅需考虑不同环境特征的影响,还应关注场所类别的差异,以更全面准确地理解迷路风险的成因。

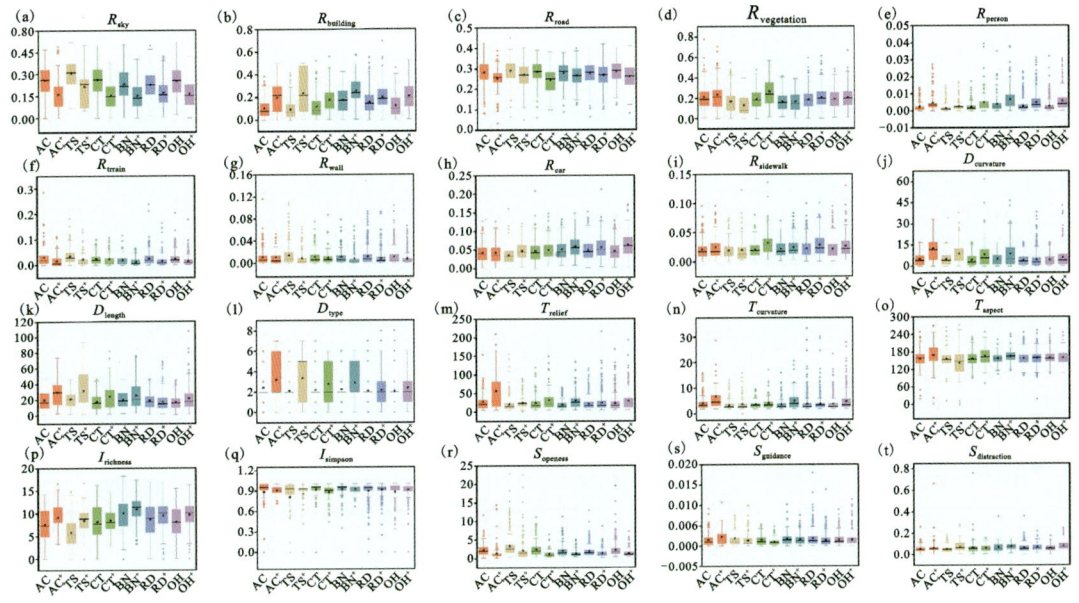

图 9.6 环境特征指标的量化分布

AC 表示 Attraction,TS 表示 Transportation,CT 表示 Cultural,BN 表示 Business,
RD 表示 Residential,OH 表示 Others,其中带 * 的为此类场所中易迷路样本点,不带 * 的为易导航样本点

9.3.4 模型评估与选择

在本节中,我们评估了多种机器学习模型在预测迷路风险方面的表现,旨在探索环境因素与迷路可能性之间的关系。此评估为选择最适合分析迷路成因的模型奠定了基础。评估的模型包括线性回归(LR)、支持向量机(SVM)、多层感知器神经网络(MLP)以及随机森林分类器。模型表现以二元分类准确率作为评价指标。准确率是指正确预测的样本数占总样本数的比例,其计算公式为:

$$A_{ccuracy} = \frac{TF+TN}{TP+TN+FP+FN} \tag{9.1}$$

式中:TP 为真正例数,TN 为真反例数,FP 为假正例数,FN 为假反例数。

其中,LR 模型由于其简单性和可解释性,常作为基线模型,而 SVM 模型以其在高维空间中的分类能力而著称。MLP 模型作为一种前馈神经网络,擅长捕捉数据中的复杂非线性关系。RF 模型则能够建模自变量和因变量之间的复杂非线性关系,且具有较强的预测能力和鲁棒性。

表 9.4 展示了不同模型在各类场所下的预测准确率。实验结果显示,在所有模型中,RF 模型表现出最佳的预测能力。除 CT 类场所外,RF 模型的预测准确率显著优于其他模型,其平均值为 0.758,最高值为 0.880,超出表现第二的 SVM 模型(平均值 0.704)。特别是在 TS 类场所,RF 模型的预测准确率达到 0.880,明显高于 SVM(0.788)和 MLP(0.688)。在 BN

类场所中,RF 模型同样以 0.712 的准确率领先,优于 SVM 和 MLP 的准确率(分别为 0.682 和 0.681)。基于以上结果,RF 模型在捕捉环境因素与迷路风险之间复杂关系方面展现出显著优势。因此,本研究选择 RF 模型作为各场所类型下迷路风险的影响预测分析模型,完成后续的分析。

表 9.4 不同模型在各类样本点上回归的预测准确率表现

样本点类型	Logistic	MLP	SVM	RF
AC	0.673	0.676	0.662	**0.770**
TS	0.672	0.688	0.788	**0.880**
CT	0.631	0.693	**0.758**	0.725
BN	0.681	0.681	0.682	**0.712**
RD	0.653	0.596	0.649	**0.735**
OH	0.686	0.680	0.687	**0.726**

9.3.5 环境特征指标对迷路风险的影响

研究环境因素对导航迷路成因影响的动机在于,针对特定场所类型(如景点、商业区和交通枢纽)精准地识别影响迷路风险的环境特征,以便为降低迷路风险提供理论依据。为此,本节结合六类场所下的样本数据,使用随机森林模型进行拟合分析,以探讨各类场所下环境特征与迷路风险之间的非线性关系,并评估各环境指标在迷路风险预测中的贡献。具体而言,我们采用平均不纯度减少(MDI)方法,对各指标的重要性进行计算和排序。MDI 的计算基于每个决策树节点的基尼不纯度变化,具体通过累加每个特征在节点分裂时所减少的基尼不纯度,并取其平均值,公式如下:

$$\mathrm{MDI}(X_j) = \frac{1}{N_t} \sum_{t=1}^{N_t} \Delta \mathrm{Impurity}(X_j, t) \quad (9.2)$$

式中: X_j 表示特征 j; N_t 为包含该特征的节点数; $\Delta \mathrm{Impurity}(X_j, t)$ 表示特征 X_j 在第 t 个节点分裂时减少的基尼不纯度。

表 9.5 展示了不同场所类型下环境指标的重要性得分,指示迷路风险受到特定环境特征影响的程度。在 AC 类场所中,天空可视率(R_{sky})以 0.147 的得分成为最重要的环境指标,显示其在该场所的迷路风险预测中占据主导地位。其次,视野开阔度(S_{openness})的得分为 0.116,也显得相当重要。在 TS 类场所,土地利用丰富度(I_{richness})以 0.182 的得分位居首位,表明该特征在此类场所对迷路风险的显著影响。而在 BN 类场所,行人可视率(R_{person})同样以 0.182 的得分成为最关键的指标,强调其在迷路风险中的重要性。

表 9.5 用于预测迷路风险的变量重要性得分

指标	AC	TS	CT	BN	RD	OH
R_{sky}	**0.147**	0.048	**0.146**	0.068	0.085	**0.181**
$R_{building}$	0.032	**0.065**	0.047	**0.071**	0.042	0.044
R_{road}	0.033	0.022	**0.075**	0.048	0.03	0.031
$R_{sidewalk}$	0.048	0.027	0.049	0.042	0.05	0.043
$R_{vegetation}$	0.026	0.036	0.036	0.033	0.037	0.037
R_{wall}	0.048	0.036	0.026	0.063	**0.066**	0.043
R_{person}	**0.098**	0.020	**0.100**	**0.182**	**0.081**	0.045
R_{car}	0.045	0.036	0.023	0.033	0.029	0.046
$R_{terrain}$	0.023	0.045	0.029	0.032	0.060	0.043
$S_{openness}$	**0.116**	0.042	**0.068**	0.028	0.042	**0.072**
$S_{distraction}$	0.036	0.013	0.04	0.047	0.027	0.034
$S_{guidance}$	0.034	0.037	0.034	0.039	**0.074**	**0.053**
$I_{richness}$	0.036	**0.182**	0.041	**0.052**	0.041	0.038
$I_{simpson}$	**0.062**	0.049	0.073	0.039	0.047	0.069
D_{type}	0.022	**0.166**	0.029	0.008	0.060	0.027
$D_{curvature}$	**0.077**	0.043	0.039	**0.057**	**0.071**	**0.050**
D_{length}	0.025	**0.052**	0.048	0.026	0.061	0.042
T_{relief}	0.022	0.030	0.027	0.039	0.026	0.023
$T_{curvature}$	0.016	0.015	0.018	0.044	0.029	0.029
T_{aspect}	0.051	0.037	0.052	0.044	0.039	0.046

注：粗体字体标出了排名前五的关键指标。

尽管不同场所类型下影响迷路风险的关键环境指标各有差异，一些指标在多类场所中表现出较高的重要性，显示出它们与迷路风险的显著关联。例如，R_{sky} 在景点及 OH 类场所均表现出较高的重要性，进一步表明天空可视率是影响迷路风险的关键因素之一。同样，$S_{openness}$ 在 AC、CT 和 OH 场所中也占据重要地位，强调其对迷路风险的显著影响。此外，R_{person} 在 AC、CT、BN 和 RS 类场所中同样具有较高的重要性，尤其在 BN 类场所，其得分达到 0.182，突显了人流密集度的关键作用。与此同时，$I_{simpson}$ 指标在 AC、TS、CT 及 OH 场所中也表现出较高的重要性，表明土地利用集中度与多类场所的迷路风险密切相关。这些结果显示，这些指标在不同场所下对迷路风险的影响具有一定的普遍性。

为了深入揭示各类典型场所中关键环境指标与迷路风险之间的非线性关系，我们采用随机森林模型分析了迷路风险与各关键环境指标的偏依赖关系。图 9.7～图 9.12 展示了六类场所中关键指标的重要性得分，以及迷路风险如何随着这些指标的变化而变化。在偏依赖关系分析中，横轴表示某一环境指标的取值范围，纵轴则表示该指标对迷路风险的预测值。这一分析方法能够帮助我们更清晰地理解各环境指标对迷路风险的具体影响机制。

(1) 在景点类场所中, 迷路风险与多个环境指标显著关联。根据图 9.7(a), 天空可视率(R_{sky})是影响迷路风险的最重要因素, 重要性得分为 0.147, 其次是场景开阔性($S_{openness}$)、行人可视率(R_{person})、道路曲折度($D_{curvature}$)和土地利用集中度($I_{simpson}$)。图 9.7(b)表明, R_{sky}值在 0~0.3 之间时, 迷路风险随其增加而下降, 尤其当 R_{sky}超过0.3, 迷路风险显著降低, 暗示天空可视率的显著负向影响。这可能是因为较高的天空可视率意味着视野中的障碍物较少, 使得导航者可以更好地获取远处的视觉信息。图 9.7(c)显示 $S_{openness}$与迷路风险的关系也有相似的趋势, 其值在 0~2 之间时, 风险迅速降低, 之后保持稳定, 说明开阔的视野增强了导航者的环境感知, 提升了方向感和路径选择的准确性。关于行人可视率, 图 9.7(d)揭示当 R_{person}值在 0~0.004 之间时, 迷路风险上升, 超过该值后影响减弱, 暗示行人可视率的显著正向影响。这可能是因为密集的人流会增加导航者的认知负担, 从而提升迷路风险, 这与空间认知理论相符, 即人群密度的动态变化会影响个体的导航决策(Hillier and Lida, 2005)。图 9.7(e)则显示, $D_{curvature}$在 0~20 范围内时迷路风险逐渐上升, 超过 20 后趋于稳定, 暗示道路曲折度的正向影响, 这可能是因为高曲折度的道路网络会使路径识别变得复杂。最后, 图 9.7(f)显示了 $I_{simpson}$与迷路风险的不稳定关系, 在 0.72~0.8 时逐渐上升, 超过 0.92 后风险急剧下降, 表明土地利用集中度达到一定阈值有助于提高空间理解并做出有效的路径选择, 从而降低迷路的风险。综上, 在该类场所中, 天空可视率和视野开阔度是该场所下影响迷路风险的两个最重要因素, 且均与迷路风险呈显著的负向关联。这一发现提示我们在景点类场所中应重点关注提升视野开阔度, 以降低迷路风险。此外, 迷路风险与行人可视率和道路曲折度之间呈正向关联, 而与土地利用集中度之间则呈负向关联。因此, 控制景点的人流量、设计低曲折度的道路网络以及提高土地利用的集中度, 也可以降低迷路风险, 从而优化景点的导航效率。

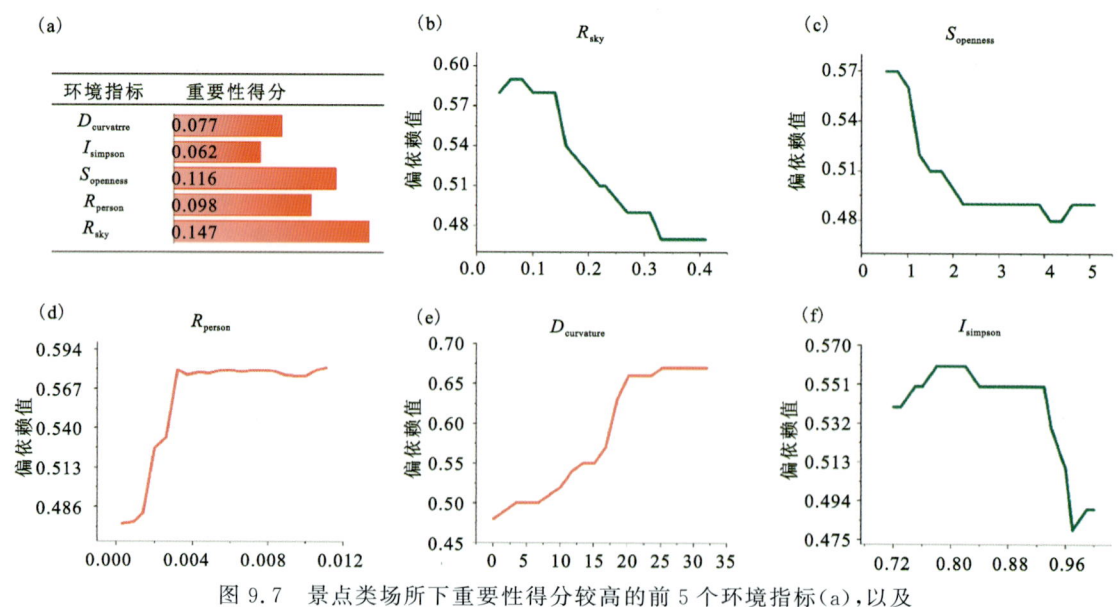

图 9.7 景点类场所下重要性得分较高的前 5 个环境指标(a), 以及迷路风险对 R_{sky}(b)、$S_{openness}$(c)、R_{person}(d)、$D_{curvature}$(e)、$I_{simpson}$(f)指标的偏依赖图

(2)在交通类场所中,迷路风险与多个关键环境指标之间存在显著关联。根据图9.8(a),土地利用丰富度指数($I_{richness}$)是影响迷路风险的最重要因素,其重要性得分为0.182,紧随其后的是道路类型(D_{type})、建筑物可视率($R_{building}$)、土地利用集中度($I_{simpson}$)和道路长度(D_{length})。图9.8(b)展示了$I_{richness}$与迷路风险的偏依赖关系,当$I_{richness}$值在0~6之间时,迷路风险相对稳定;一旦超过6,风险显著上升。这可能是因为丰富的POI信息意味着环境布局的复杂度高,容易导致信息过载,干扰导航者的空间认知。图9.8(c)揭示了D_{type}对迷路风险的影响,道路类型为城市次干路($D_{type}=2$)时,迷路风险最低,随着道路等级降低,风险逐渐上升。这可能是因为宽阔的道路通常布局简单且标识清晰,有助于降低迷路风险,而狭窄道路则因视野受限和标识不完善,增加了空间认知难度。图9.8(d)分析了建筑物可视率($R_{building}$)的影响,在$R_{building}$值为0~0.3时,迷路风险随建筑物可视率的增加而上升,随后趋于平稳。这可能是由于建筑物密度增加遮挡了视觉参照物,降低了对远处信息的感知能力。图9.8(e)显示土地利用集中度($I_{simpson}$)与迷路风险的负向关系。当$I_{simpson}$值不超过0.9时,迷路风险基本保持平稳,超过0.9后,风险显著降低。这可能是因为高度集中的土地利用能够简化空间布局,从而降低迷路风险。最后,图9.8(f)展示了道路长度(D_{length})与迷路风险的关系,当D_{length}值在5~10km之间时,迷路风险随道路长度增加显著上升。这可能是因为较长的道路网络通常意味着路径结构复杂,影响空间认知能力。综上,在该类场所中,土地利用丰富度是该类场所下影响迷路风险的最重要因素,且与迷路风险之间呈显著正向关系。同时,该类场所下的迷路风险与土地利用集中度之间成负向关联。这提示我们该类场所下应该重点关注土地利用特征,通过降低土地利用的丰富度、提高土地利用的集中度降低迷路风险。此外,迷路风险还与道路长度和建筑物可视率正相关,因此降低建筑物密度和设计简单的道路网络也能有效减少迷路风险。通过综合优化这些环境指标,能够提升交通类场所的导航安全性,减少迷路事件的发生。

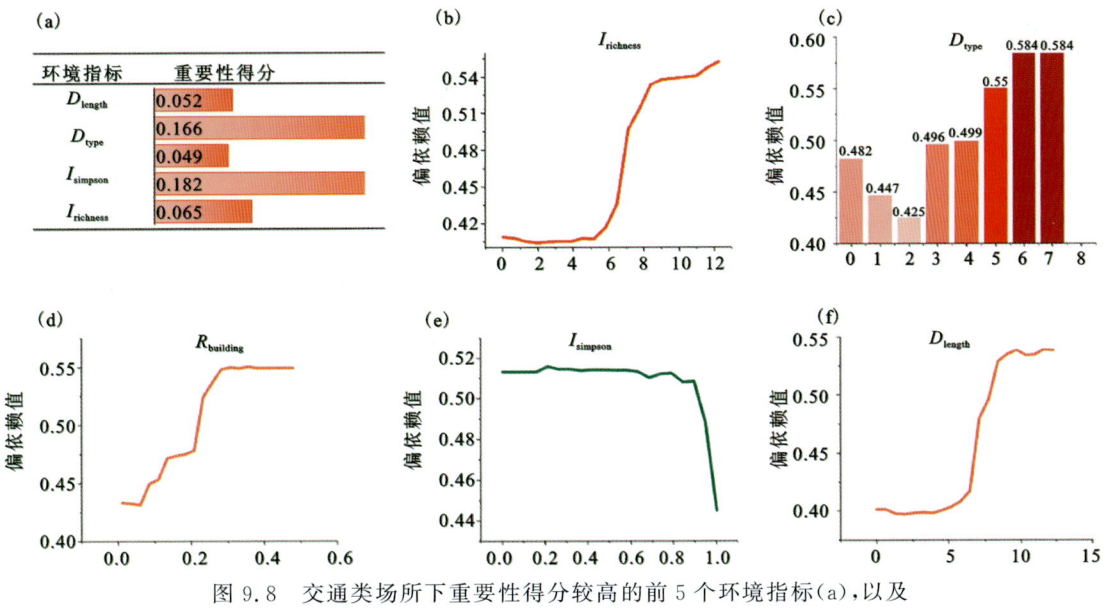

图9.8 交通类场所下重要性得分较高的前5个环境指标(a),以及迷路风险对$I_{richness}$(b)、D_{type}(c)、$R_{building}$(d)、$I_{simpson}$(e)、D_{length}(f)指标的偏依赖图

(3) 在文化类场所中,迷路风险与多个关键环境指标之间存在显著关系。根据图9.9(a),天空可视率(R_{sky})是影响迷路风险的最重要因素,重要性得分为0.146,其次是行人可视率(R_{person})、道路可视率(R_{road})和土地利用集中度($I_{simpson}$)。图9.9(b)展示了R_{sky}与迷路风险的偏依赖关系。当R_{sky}值在0~0.2之间时,迷路风险显著下降,而当R_{sky}值在0.2~0.4之间时,这一下降趋势逐渐减缓,进一步表明天空可视率对迷路风险的负面影响。图9.9(c)则探讨了行人可视率(R_{person})的正向影响,随着R_{person}的增加,迷路风险也随之升高。这说明视野中行人数量的增加会加重导航者的空间认知负担,提升迷路风险。图9.9(d)分析了道路可视率(R_{road})与迷路风险之间的复杂关系。当R_{road}值在0~0.26之间时,迷路风险随着道路可视率的增加而降低,表明适度的道路可视率有助于导航。然而,当R_{road}超过0.26时,迷路风险则逐渐上升,这可能是由于过高的道路占比导致环境单调,减少了导航者可利用的空间线索,从而影响其环境认知。图9.9(e)显示土地利用集中度($I_{simpson}$)对迷路风险的显著负向影响。在整个$I_{simpson}$值范围内,迷路风险随着其值的增加而降低,表明在文化类场所中,提高土地利用集中度能有效减少迷路风险。图9.9(f)则展示了视野开阔度($S_{openness}$)的显著负向影响,指明当导航者处于开阔区域时,迷路风险显著降低。综上,天空可视率是该类场所中影响迷路风险的最关键因素,且与迷路风险呈负相关。这提示我们在规划和设计文化类场所时,应重点提升天空可视率,以降低迷路风险。此外,迷路风险与道路可视率、土地利用集中度和视野开阔度呈负相关,而与行人可视率则呈正相关。因此,优化道路可视率、提高土地利用集中度、增加视野开阔度,以及合理控制人流量,都能在一定程度上降低迷路风险。通过综合优化这些环境指标,可以有效提升文化类场所的导航安全性,改善导航体验。

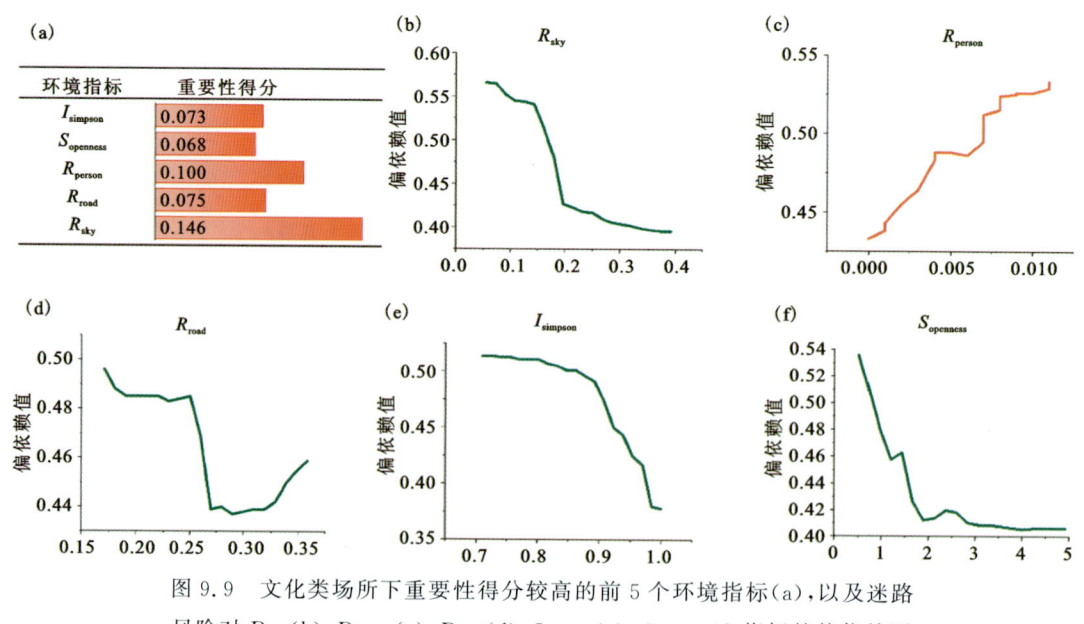

图9.9 文化类场所下重要性得分较高的前5个环境指标(a),以及迷路风险对R_{sky}(b)、R_{person}(c)、R_{road}(d)、$I_{simpson}$(e)、$S_{openness}$(f)指标的偏依赖图

(4) 在商业类场所中,迷路风险与多个关键环境指标之间存在显著关系。根据图9.10(a),行人可视率(R_{person})是影响迷路风险的最重要因素,重要性得分为0.182,紧随其后的是

建筑物可视率($R_{building}$)、天空可视率(R_{sky})、道路曲折度($D_{curvature}$)和土地利用丰富度($I_{richness}$)。图9.10(b)显示，R_{person}与迷路风险之间呈正相关。当R_{person}值在0~0.007之间时，迷路风险显著上升，随后趋于平稳。这表明商业类场所的人流密集性增加了环境的复杂性与动态性，导致导航者的认知负荷加重。此外，天空可视率(R_{sky})和建筑物可视率($R_{building}$)在商业环境中也扮演重要角色。较高的天空可视率和较低的建筑物可视率有助于提升导航者的视野，从而降低迷路风险。与此同时，道路曲折度($D_{curvature}$)与迷路风险密切相关，网络越曲折，导航者的认知负担就越重，从而增加迷路的概率。多样的兴趣点（POI）则可能使环境显得更为复杂，进一步提升迷路风险。综上，行人可视率是该类场所中影响迷路风险的最主要因素，与迷路风险呈显著正相关。因此，在商业类场所中，应重点控制人流密度以降低迷路风险。此外，迷路风险与建筑物可视率呈正相关，而与天空可视率和道路曲折度则呈负相关。因此，调整建筑物可视率、增加天空可视率和优化道路网络曲折度，都能有效降低迷路风险。通过综合优化这些环境指标，可以显著提升商业类场所的导航安全性。

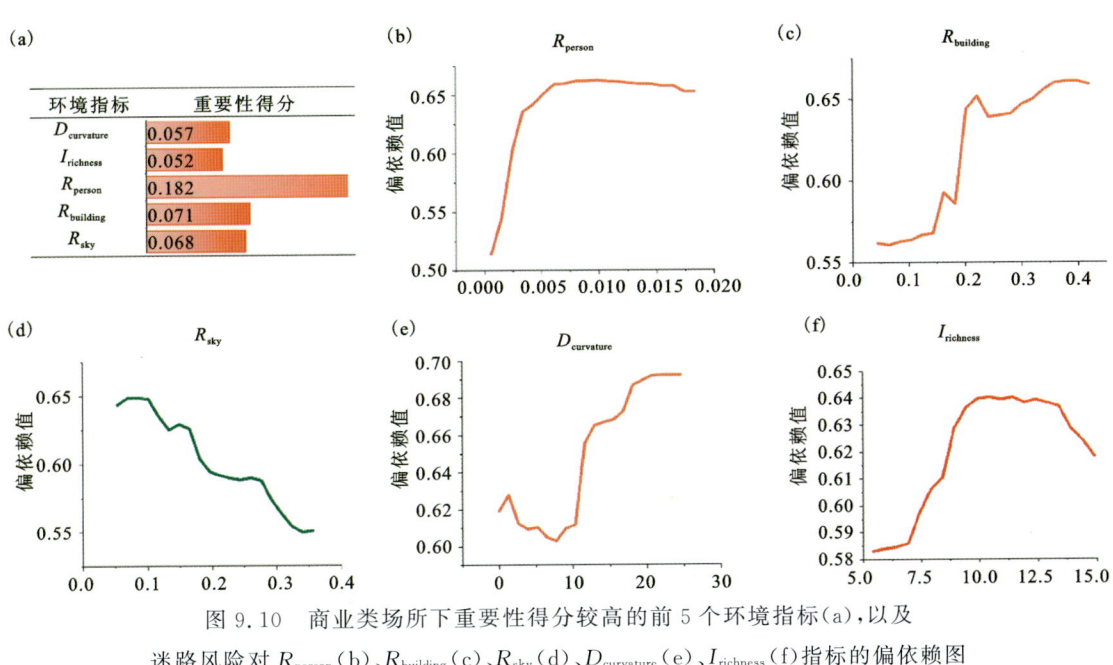

图9.10　商业类场所下重要性得分较高的前5个环境指标(a)，以及迷路风险对R_{person}(b)、$R_{building}$(c)、R_{sky}(d)、$D_{curvature}$(e)、$I_{richness}$(f)指标的偏依赖图

（5）在居住类场所中，迷路风险与多个关键环境指标之间存在显著关系。居住类场所中迷路风险与关键环境指标的偏依赖关系如图9.11所示。根据图9.11(a)，天空可视率(R_{sky})是影响迷路风险的最重要因素，重要性得分为0.085，其次是行人可视率(R_{person})、导示性($S_{guildance}$)、道路曲折度($D_{curvature}$)和墙壁可视率(R_{wall})。图9.11(b)显示，R_{sky}与迷路风险呈显著负相关，这意味着更高的天空可视率有助于降低迷路风险。图9.11(c)则揭示了R_{person}对迷路风险的显著正向影响，环境中行人数的增加可能会导致视觉干扰和动态变化，影响导航者的寻路能力。此外，导示性($S_{guidance}$)对迷路风险的负面影响也很明显（图9.11d）。在居住类场所如小区和公寓中，常缺乏明显的标识系统，导示性视觉元素的增加可以提供有效的方向提示，帮助导航者更清晰地识别路径，减少迷路的发生。关于道路曲折度($D_{curvature}$)和墙壁可

视率(R_{wall}),图9.11(e)和图9.11(f)指出,曲折的道路结构会增加导航者的路径选择困难,从而提升迷路风险。同时,墙壁可视率的负面影响可能源于墙壁作为空间分隔的功能,其连续性和统一性为导航者提供了明确的线索,进而降低迷路的可能性。综上,天空可视率是该类场所中影响迷路风险的关键因素,且与迷路风险呈负相关。这提示我们在设计居住类场所时,应优先提升天空可视率,以降低迷路风险。此外,迷路风险与导示性和墙壁可视率呈负相关,与道路曲折度则呈正相关。因此,建立清晰的标识系统、增加围墙等结构性建筑、设计低曲折度的道路网络,都可以有效降低迷路风险。通过综合优化这些环境指标,能够显著提升居住类场所的导航安全性。

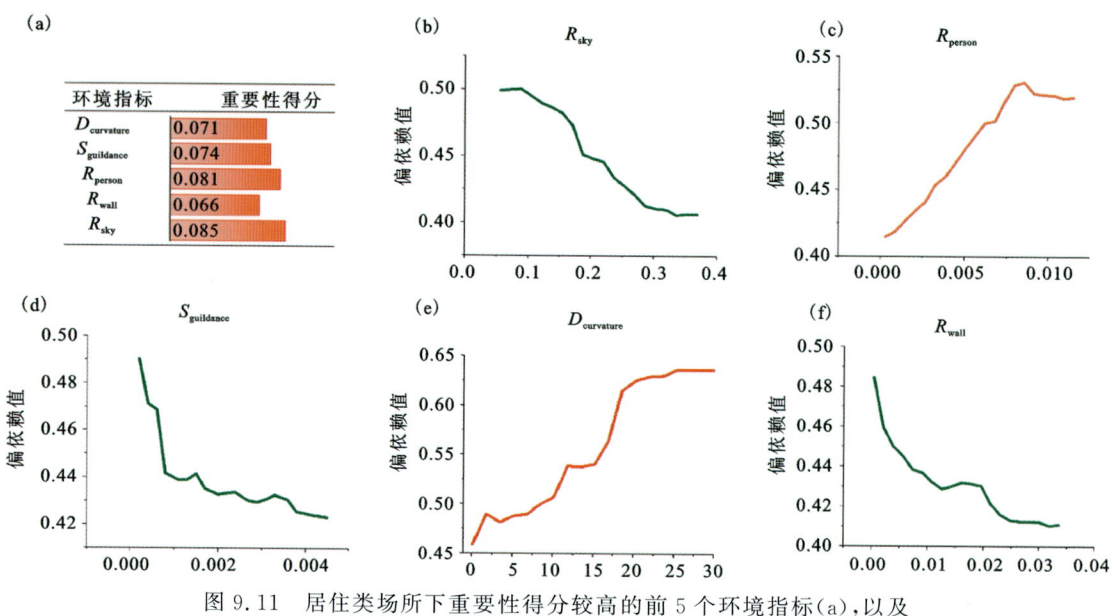

图9.11 居住类场所下重要性得分较高的前5个环境指标(a),以及迷路风险对 R_{sky}(b)、R_{person}(c)、$S_{guidance}$(d)、$D_{curvature}$(e)、R_{wall}(f)指标的偏依赖图

(6)在其他类场所中,迷路风险与多个关键环境指标之间存在显著关系。根据图9.12(a),天空可视率(R_{sky})是影响迷路风险的最重要因素,重要性得分为0.181,其次是视野开阔度($S_{openness}$)、土地利用集中度($I_{simpson}$)、导示性($S_{guidance}$)和道路曲折度($D_{curvature}$)。图9.12(b)显示,R_{sky}和$S_{openness}$与迷路风险呈显著负相关,强调了开阔视野在导航过程中降低迷路风险的重要性。高层建筑往往限制视野,增加迷路概率,因此优化这些环境中的视野开阔度具有实际意义。土地利用集中度($I_{simpson}$)较低则表明场所结构复杂,缺乏明确功能区划,增加了导航难度。同时,导示性不足意味着缺少清晰的导航提示,影响导航者获取方向信息。道路曲折度的增加进一步增加了路径选择的复杂性,导致迷路风险上升。综上,天空可视率和视野开阔度是该类场所中影响迷路风险的关键因素,且与迷路风险呈负相关。这提示我们在其他类场所中应优先关注提升视野的开阔度。此外,迷路风险与土地利用集中度、导示性呈负相关,而与道路曲折度呈正相关。因此,通过提高土地利用集中度、设计清晰的标识系统以及规划低曲折度的道路,能够有效降低迷路风险。综合优化这些环境指标,有助于提升其他类场所的导航安全性。

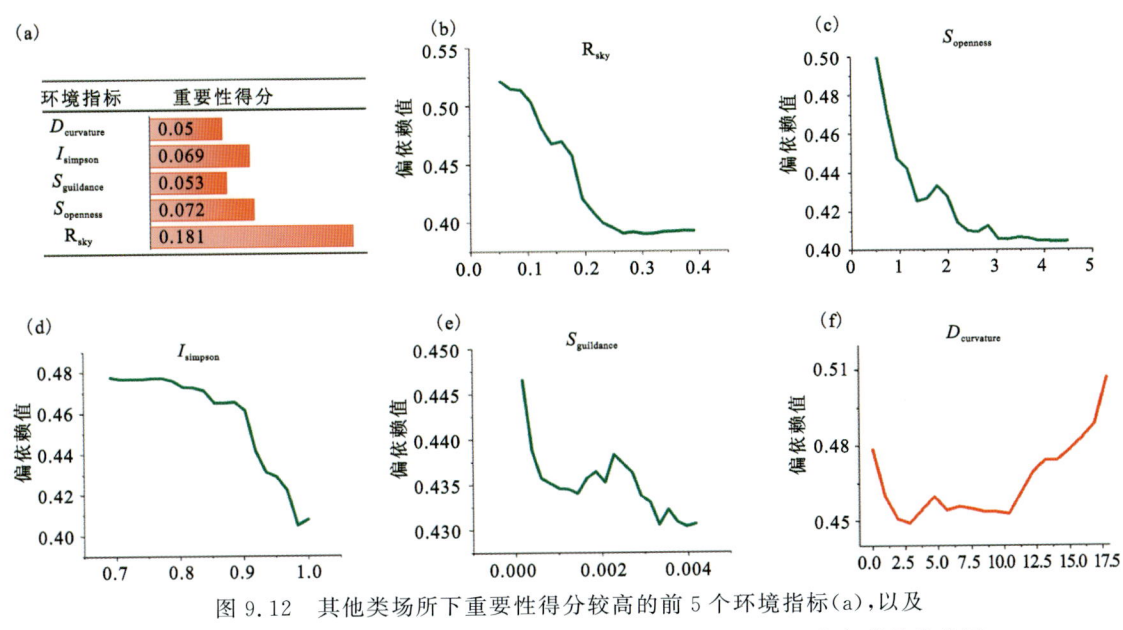

图 9.12　其他类场所下重要性得分较高的前 5 个环境指标(a)，以及
迷路风险对 R_{sky}(b)、$S_{openness}$(c)、$I_{simpson}$(d)、$S_{guidance}$(e)、$D_{curvature}$(f)指标的偏依赖图

分析六类典型场所的结果表明，空间环境对迷路风险的潜在影响不容忽视。不同类别场所下影响迷路风险的关键环境指标存在显著差异。例如，在景点类场所中，天空可视率和视野开阔度是最重要的因素；在交通类场所中，土地利用丰富度则是最具影响力的指标；在文化类场所，天空可视率同样是关键因素；而商业类场所中，行人可视率成为最重要的环境指标；居住类场所中，再次强调天空可视率的重要性；在其他类场所，天空可视率和视野开阔度同样关键。这些差异提示我们在特定场所应优先关注和改善影响迷路风险的关键环境特征。例如，景点类场所应提升天空可视率，交通类场所应改善土地利用丰富度，商业类场所则需合理控制人流量。

此外，还发现了在多类场所中对迷路风险具有普遍影响的环境指标。天空可视率和视野开阔度在多个场所类型中均与迷路风险呈负相关，表明提升环境视野可能是降低迷路风险的有效策略；行人可视率在多个场所中显示出与迷路风险的正相关，提示合理控制人流量的重要性；土地利用集中度与迷路风险呈负相关，表明提高土地利用集中度能提升导航效率；而道路曲折度也与迷路风险呈正相关，强调规划低曲折度道路的重要性。这些普遍性的环境特征涵盖了局部尺度的街道级特征(如天空可视率和视野开阔度)以及全局尺度的环境特征(如道路曲折度和土地利用集中度)，表明不同尺度的空间环境调整共同作用于迷路风险。因此，在城市设计中，规划者和设计者应结合局部与全局尺度的环境特征，实施多层次的优化策略。

9.4　本章小结

本章针对城市空间环境特征对导航迷路风险影响的未知性，创新性地构建了一个多尺度的环境描述框架。该框架全面整合了从微观的街道局部特征到宏观的全局空间环境特征，涵盖了视野开阔度、环境干扰度和道路曲折度等多个维度。利用多源地理空间数据和图像分割技术,我们成功实现了这些环境指标的自动化量化,并通过随机森林模型揭示了这些指标与迷路风险之间的量化关系。研究表明,模型在阐释城市环境空间特征对迷路风险的作用上表现优异,为降低迷路风险提供了坚实的理论基础。在此基础上,本章发现特定场所模式与环境指标因素及迷路风险之间存在显著的关联性,这些因素包括视野开阔度、环境干扰度和道路曲折度,以及与导航相关的局部和全局特征。这些发现可能映射了整体导航环境特征对迷路风险的综合性影响。

主要参考文献

杜奕,2007.时间序列挖掘相关算法研究及应用[D].合肥:中国科学技术大学.

冯静,齐艳平,2021.知识图谱在智慧城市治理过程中的应用[J].中国国情国力(7):50-53.

何智龙,2022.城市道路平面交叉口交通安全设施设计及改善研究[J].交通与运输,38(2):38-42.

胡晨馨,2022.面向医学知识图谱构建的多源知识融合方法研究[D].郑州:郑州大学.

刘浏,王东波,2018.命名实体识别研究综述[J].情报学报,37(3):329-340.

陆建,张文珺,杨海飞,等,2014.基于碰撞时间的追尾风险分析[J].交通信息与安全,32(5):58-64,76.

马亚中,张聪聪,徐大鹏,等,2022.城市大脑知识图谱构建及应用研究[J].中文信息学报,36(4):48-56.

潘正高,2012.基于规则和统计相结合的中文命名实体识别研究[J].情报科学,30(5):708-712.

宋睿,湘水,2010.中小城市交叉口改善设计及其仿真探讨:以浙江省武义的交叉口为例[J].交通与运输(学术版),3(1):19-21.

孙伟,张梦雅,马成元,等,2023.新型混合交通交叉口信号与车辆轨迹协同控制方法[J].交通运输系统工程与信息,23(1):97-105.

王娇娇,于诗琪,许诗辰,2017.基于高斯烟羽扩散模型的空气污染研究[J].科技与创新(10):21-24.

谢腾,杨俊安,刘辉,2020.基于BERT-BiLSTM-CRF模型的中文实体识别[J].计算机系统应用,29(7):48-55.

杨波,刘海洲,2008.城市交叉口渠化设计方法与评价:以成都市为例[J].道路交通与安全(3):39-43.

杨章益,1996.城市交叉口设计[J].中国市政工程(3):2-7.

张婉鸣,2012.城市道路交叉口交通组织优化设计研究[D].广州:华南理工大学.

张文,2018.城市道路交叉口选型及优化设计[D].苏州:江苏大学.

仲崇高,迟爱宁,2022.知识图谱技术对智能金融的影响研究[J].海峡科技与产业,35(11):45-49.

朱涵,杨润凯,2021.基于变权理论的城市道路交通风险评价[J].国防交通工程与技术,

19(6):36-39.

ABDEL-RAHMAN A A, 2008. On the atmospheric dispersion and Gaussian plume model[C]. Proceedings of the 2nd International Conference on Waste Management, Water Pollution, Air Pollution, Indoor Climate, Corfu, Greece:26.

ALAHI A, GOEL K, RAMANATHAN V, et al., 2016. Social lstm: Human trajectory prediction in crowded spaces[C]. Proceedings of the IEEE conference on computer vision and pattern recognition: 961-971.

ALZAMZAMI F, HODA M, EL SADDIK A, 2020. Light gradient boosting machine for general sentiment classification on short texts: A comparative evaluation[J]. IEEE Access, 8: 101840-101858.

AMUNDSEN F H, HYDEN C, 1977. Proceedings:first workshop on traffic conflicts, Oslo[J]. TTI, Oslo, Norway and LTH Lund, Sweden,35: 78-89.

ANAS A, KIM I, 1990. Network loading versus equilibrium estimation of the stochastic route choice model maximum likelihood and least squares revisited[J]. Journal of Regional Science, 30(1):89-103.

APPIAH J, KING F A, FONTAINE M D, et al. ,2020. Left turn crash risk analysis: Development of a microsimulation modeling approach[J]. Accident Analysis & Prevention, 144: 105591.

ASTARITA V, GIOFRÉ V P, 2019. From traffic conflict simulation to traffic crash simulation: Introducing traffic safety indicators based on the explicit simulation of potential driver errors[J]. Simulation Modelling Practice and Theory, 94: 215-236.

AUTEY J, SAYED T, ZAKI M H, 2012. Safety evaluation of right-turn smart channels using automated traffic conflict analysis[J]. Accident Analysis & Prevention, 45: 120-130.

BIANCHI A, SUMMALA H, 2004. The "genetics" of driving behavior: Parents' driving style predicts their children's driving style[J]. Accident Analysis & Prevention, 36 (4):655-659.

BRACCI A, COLOMBARONI C, FUSCO G, et al. , 2021. Investigation and modeling on drivers' route and departure time choices from a big data set of floating car data[C]// 2021 7th International Conference on Models and Technologies for Intelligent Transportation Systems (MT-ITS): 1-7.

CAI B, TIAN S, YU L, et al. , 2024. ATBBC: Named entity recognition in emergency domains based on joint BERT-BILSTM-CRF adversarial training[J]. Journal of Intelligent & Fuzzy Systems (Preprint): 1-14.

CAO P, ZHONG R, HUANG W, 2022. Anomalous trajectory detection using masked autoregressive flow considering route choice probability[J]. Journal of Advanced Transportation.

CHEN A, ZHOU Z, 2010. The α-reliable mean-excess traffic equilibrium model with stochastic travel times[J]. Transportation Research Part B: Methodological, 44(4), 493-513.

CHEN C, LIU Q, WANG X, et al., 2021. Semi-Traj2Graph identifying fine-grained driving style with GPS trajectory data via multi-task learning[J]. IEEE Transactions on Big Data, 8(6):1550-1565.

CHEN C, ZHAO X, ZHANG Y, et al., 2019. A graphical modeling method for individual driving behavior and its application in driving safety analysis using GPS data[J]. Transportation Research Part F: Traffic Psychology and Behaviour, 63:118-134.

CONSTANTINESCU Z, MARINOIU C, VLADOIU M, 2010. Driving style analysis using data mining techniques[J]. International Journal of Computers Communications & Control, 5(5): 654-663.

DABBAS H, FOURATI W, FRIEDRICH B, 2021. Using floating car data in route choice modelling-field study[J]. Transportation Research Procedia, 52: 700-707.

DEVLIN J, CHANG M W, LEE K, et al., 2019. BERT: Pre-training of deep bidirectional transformers for language understanding[J]. arXiv preprint arXiv:1810.

DIA H, 2002. An agent-based approach to modelling driver route choice behaviour under the influence of real-time information[J]. Transportation Research Part C: Emerging Technologies, 10(5-6):331-349.

DING Y, CHEN C, ZHANG S, et al., 2017. Greenplanner: Planning personalized fuel-efficient driving routes using multi-sourced urban data[J]. In 2017 IEEE International Conference on Pervasive Computing and Communications (PerCom):207-216.

DONG W, LI J, YAO R, et al., 2016. Characterizing driving styles with deep learning[J]. arXiv preprint arXiv:1607.

DONG W, YUAN T, YANG K, et al., 2017. Autoencoder regularized network for driving style representation learning[J]. arXiv preprint arXiv:1701.

EBERTS M, ULGES A, 2020. Span-based joint entity and relation extraction with transformer pre-training frontiers in artificial intelligence and applications[C]. 24th European Conference on Artificial Intelligence (ECAI):1231-1242.

EBOLI L, MAZZULLA G, PUNGILLO G, 2016. Combining speed and acceleration to define car users' safe or unsafe driving behaviour[J]. Transportation Research Part C: Emerging Technologies, 68:113-125.

EFTEKHARI H R, GHATEE M, 2018. Hybrid of discrete wavelet transform and adaptive neuro fuzzy inference system for overall driving behavior recognition[J]. Transportation Research Part F: Traffic Psychology and Behaviour, 58:782-796.

ELANDER J, WEST R, FRENCH D, 1993. Behavioral correlates of individual differences in road-traffic crash risk: An examination of methods and findings. Psychological bulletin，113(2):279.

FENSEL D，ŞIMŞEK U，ANGELE K，et al.，2020. Introduction: What Is a Knowledge Graph? [J]. In Knowledge Graphs :1-10.

FOUNTAS G，PANTANGI S S，HULME K F，et al.，2019. The effects of driver fatigue, gender, and distracted driving on perceived and observed aggressive driving behavior: A correlated grouped random parameters bivariate probit approach[J]. Analytic Methods in Accident Research, 22:100091.

GONZÁLEZ-CARVAJAL S，GARRIDO-MERCHÁN E C，2020. Comparing BERT against traditional machine learning text classification[J]. arXiv preprint arXiv:13012.

GUARDA P，QIAN S，2024. Statistical inference of travelers' route choice preferences with system-level data[J]. Transportation Research Part B: Methodological, 179:102853.

HAMA AZIZ R H，DIMILILER N，2021. SentiXGboost: Enhanced sentiment analysis in social media posts with ensemble XGBoost classifier[J]. Journal of the Chinese Institute of Engineers, 44(6): 562-572.

HAN W，WANG W，LI X，et al.，2019. Statistical - based approach for driving style recognition using Bayesian probability with kernel density estimation[J]. IET Intelligent Transport Systems, 13(1):22-30.

HU J，XU L，HE X，et al.，2017. Abnormal driving detection based on normalized driving behavior[J]. IEEE Transactions on Vehicular Technology, 66(8):6645-6652.

HU L M，DING J Y，SHI C，et al.，2020. Graph neural entity disambiguation[J]. Knowledge-Based Systems,195:105620.

HU X K，ZHOU Z Y，SUN Y R，et al.，2022. GazPNE2: A general place name extractor for microblogs fusing gazetteers and pretrained transformer models[J]. IEEE Internet of Things Journal, 9(17): 16259-16271.

IFTIKHAR H，LUXIMON Y，2022. The syntheses of static and mobile wayfinding information: an empirical study of wayfinding preferences and behaviour in complex environments[J]. Facilities, 40(7/8):452-474.

IFTIKHAR H，SHAH P，LUXIMON Y，2021. Human wayfinding behaviour and metrics in complex environments: A systematic literature review[J]. Architectural Science Review, 64(5):452-463.

IRAGANABOINA N C，BHOWMIK T，YASMIN S，et al.，2021. Evaluating the influence of information provision (when and how) on route choice preferences of road users in Greater Orlando: Application of a regret minimization approach[J]. Transportation Research Part C: Emerging Technologies, 122:102923.

ISLAM M，MANNERING F，2020. A temporal analysis of driver-injury severities in crashes involving aggressive and non-aggressive driving[J]. Analytic Methods in Accident Research, 27:100128.

JAMSHIDI S, ENSAFI M, PATI D, 2020. Wayfinding in interior environments: An integrative review[J]. Frontiers in Psychology, 11: 24.

JANOWICZ K, MCKENZIE G, HU Y, et al. , 2019. Using semantic signatures for social sensing in urban environments[J]. Big Data and Transport Analytics: 31-54.

JI B, LIU R, LI S, et al. , 2018 A BILSTM-CRF method to Chinese electronic medical record named entity recognition[C]//Proceedings of the 2018 International Conference on Algorithms, Computing and Artificial Intelligence: 1-6.

KANG Y, ZHANG F, GAO S, et al. , 2020. A review of urban physical environment sensing using street view imagery in public health studies[J]. Annals of GIS: 261-275.

KIM Y O, PENN A, 2004. Linking the spatial syntax of cognitive maps to the spatial syntax of the environment[J]. Environment and Behavior, 36(4): 483-504.

LI J, ZHU Y, LI Z W, et al. , 2021. Exploring the spatial distribution characteristics and correlation factors of wayfinding performance on city-scale road networks based on massive trajectory data[J]. Journal of Advanced Transportation: 18.

LIU Y, DING J, FU Y, et al. , 2023. Urbankg: An urban knowledge graph system[J]. ACM Transactions on Intelligent Systems and Technology, 14(4): 1-25.

LUN C H, HEWITT T, HOU S, 2021. Extracting knowledge with NLP from massive geological documents[C]. 82nd EAGE Annual Conference & Exhibition, Online: 807.

LYNCH K, 1964. The image of the city[M]. Cambridge: MIT Press.

MA K, TAN Y J, XIE Z, et al. , 2022. Chinese toponym recognition with variant neural structures from social media messages based on BERT methods[J]. Journal of Geographical Systems, 24(2): 143-169.

MALINOWSKI J C, GILLESPIE W T, 2001. Individual differences in performance on a large-scale, real-world wayfinding task[J]. Journal of Environmental Psychology, 21(1): 73-82.

MIDDEL A, LUKASCZYK J, ZAKRZEWSKI S, et al. , 2019. Urban form and composition of street canyons: A human-centric big data and deep learning approach[J]. Landscape and Urban Planning: 122-132.

MUFFATO V, BORELLA E, PAZZAGLIA F, et al. , 2022. Orientation experiences and navigation aid Use: A self-report lifespan study on the role of age and visuospatial factors[J]. International Journal of Environmental Research and Public Health, 19(3): 15.

MUSTIKAWATI T, YATMO Y A, ATMODIWIRJO P, 2017. Reading the visual environment: wayfinding in healthcare facilities[C]. AicQoL Conference on Quality of Life and Natural Environment: 25-27.

PAZZAGLIA F, MENEGHETTI C, 2017. Acquiring spatial knowledge from different sources and perspectives: Abilities, strategies and representations[J]. Representations in Mind and World: 120-134.

PHAM T, TAO X, ZHANG J, et al., 2022. Graph-based multi-label disease prediction model learning from medical data and domain knowledge[J]. Knowledge-based systems, 235: 107662.

PIETRAMALA A, POLICICCHIO V L, RULLO P, et al., 2008. A genetic algorithm for text classification rule induction[C]//Machine Learning and Knowledge Discovery in Databases European Conference. Springer Berlin Heidelberg: 188-203.

PINKUS A, 1999. Approximation theory of the MLP model in neural networks[J]. Acta Numerica, 8: 143-195.

QADER W A, AMEEN M M, AHMED B I, 2019. An overview of bag of words: Iimportance, implementation, applications, and challenges [C]//2019 International Engineering conference (IEC): 200-204.

QI L, LI J, WANG Y, et al., 2019. Urban observation: Integration of remote sensing and social media data[J]. IEEE Journal of Selected Topics in Applied Earth Observations and Remote Sensing, 12(11): 4252-4264.

QIU Q, MA K, LV H, et al., 2023. Construction and application of a knowledge graph for iron deposits using text mining analytics and a deep learning algorithm[J]. Mathematical Geosciences: 423-456.

RAMIREZ H G, LECLERCQ L, CHIABAUT N, et al., 2021. Travel time and bounded rationality in travellers' route choice behaviour: A computer route choice experiment[J]. Travel Behaviour and Society, 22: 59-83.

RODRIGUES R, COELHO R, TAVARES J, 2019. Healthcare signage design: A review on recommendations for effective signing systems[J]. Herd-Health Environments Research & Design Journal, 12(3): 45-65.

RUDDLE R A, PÉRUCH P, 2004. Effects of proprioceptive feedback and environmental characteristics on spatial learning in virtual environments[J]. International Journal of Human-Computer Studies, 60(3): 299-326.

SHU W, XUEYING Z, PENG Y, et al., 2019. Geo-graphic knowledge graph (GeoKG): A formalized geographic knowledge representation [J]. Int J Geo-Inf, 8: 184-185.

SUI D, ZENG X, CHEN Y, et al., 2023. Joint entity and relation extraction with set prediction networks[C]. IEEE Transactions on Neural Networks and Learning Systems: 1-12.

SUN Y, YU J, SARWAT M, 2019. Demonstrating spindra: A geographic knowledge graph management system [C]//2019 IEEE 35th International Conference on Data Engineering (ICDE): 2044-2047.

TURNER A, 2003. Analysing the visual dynamics of spatial morphology [J]. Environment and Planning B: Planning and Design: 657-676.

TURNER A, PENN A, 2002. Encoding natural movement as An agent-based system: an investigation into human pedestrian behaviour in the built environment[J]. Environment and Planning B: Planning and Design: 473-490.

ULRICH S, GRILL E, FLANAGIN V L, 2019. Who gets lost and why: A representative cross-sectional survey on sociodemographic and vestibular determinants of wayfinding strategies[J]. Plos One, 14(1): 16.

VASWANI A, SHAZEER N, PARMAR N, et al., 2017. Attention is all you need [J]. Advances in neural information processing systems: 30.

VILAR E, REBELO F, NORIEGA P, 2014. Indoor human wayfinding performance using vertical and horizontal signage in virtual reality[J]. Human Factors and Ergonomics in Manufacturing & Service Industries, 24(6): 601-615.

WAN X, LUCIC M C, GHAZZAI H, et al., 2020. Empowering real-time traffic reporting systems with nlp-processed social media data[C]. IEEE Open Journal of Intelligent Transportation Systems, 1: 159-175.

WANG B, WU L, XIE Z, et al., 2022. Understanding geological reports based on knowledge graphs using a deep learning approach[J]. Computers & Geosciences:105229.

WANG J, HU Y, JOSEPH K, 2020. NeuroTPR: A neuro - net toponym recognition model for extracting locations from social media messages[J]. Transactions in GIS, 24(3): 719-735.

WEI Z P, SU J L, WANG Y, et al., 2020. A novel cascade binary tagging framework for relational triple extraction [C]. 58th Annual Meeting of the Association-for-Computational-Linguistics (ACL), Electr Network,7:5-10.

WEN C J, JIA X D, CHEN T, 2023. Improving extraction of chinese open relations using pre-trained language model and knowledge enhancement[J]. Data Intelligence, 5(4): 962-989.

WU K H, ZHANG X Y, DANG Y L, et al., 2023. Deep learning models for spatial relation extraction in text. Geo-Spatial Information Science, 26(1):58-70.

WU S, HE Y, 2019. Enriching pre-trained language model with entity information for relation classification [C]//Proceedings of the 28th ACM International Conference on Information and Knowledge Management: 2361-2364.

XIONG R, 2020. Chinese conference event named entity recognition based on BERT-BiLSTM-CRF[C]//Proceedings of the 2020 3rd International Conference on Big Data Technologies: 188-191.

YAN Y, ECKLE M, KUO C L, et al., 2017. Monitoring and assessing post-disaster tourism recovery using geotagged social media data[J]. ISPRS International Journal of Geo-Information, 6(5): 144.

YANG Y, MERRILL E C, ROBINSON T, et al., 2018. The impact of moving entities on wayfinding performance[J]. Journal of Environmental Psychology, 56: 20-29.

ZENG D, LIU K, LAI S, et al. ,2014. Relation classification via convolutional deep neural network[C]//Proceedings of COLING 2014, the 25th International Conference on Computational Linguistics: Technical Papers: 2335-2344.

ZHENG H, WEN R, CHEN X, et al. ,2021. PRGC: Potential relation and global correspondence based joint relational triple extraction[J]. Association for Computational Linguistics:486-495.

ZHOU B, ZOU L, HU Y J, et al. , 2023. TopoBERT: A plug and play toponym recognition module harnessing fine-tuned BERT[J]. International Journal of Digital Earth, 16(1):3045-3063.

ZOLALI M, MIRBAHA B, LAYEGH M, et al. , 2021. A behavioral model of drivers' mean speed influenced by weather conditions, road geometry, and driver characteristics using a driving simulator study[J]. Advances in Civil Engineering: 1-18.